大樂文化

大樂文化

大樂文化

百億超業CEO教你帶領業務鐵軍

懂得帶團隊，
從此不用自己做到死！

張強◎著

Contents

目次

Chapter 2

超業CEO貫徹這套方法，就能制定決策到100%落地實踐

Chapter 3

如何增強部屬求勝意志？掌握6關鍵把散沙變戰隊

Chapter
5

工作重效率又顧氣氛，讓你的業務團隊更強韌

推薦序

超業CEO手把手教你打造一流團隊

超越巔　企管顧問有限公司CEO
亞洲華人提問式銷售權威　林裕峯

很高興再次受邀為作者張強撰寫推薦序，我發現這個任務非我莫屬，因為我也曾是對團隊管理毫無概念的「小白」，後來也做到「打造萬人團隊」的成績。

回顧過往，我在家暴陰影和校園霸凌之下長大，到高中時期仍是畏畏縮縮、逃避現實。在青年時代，我家還被列為低收入戶，需要領救濟金過日子。不過，我覺悟到這輩子不能再這樣下去，必須振作起來，於是我立志學習，不斷上課進修，並投身業務工作。

從一開始遇到種種困難，到後來越挫越勇，我終於在台灣業務領域成就一次又一次的傳奇，屢屢突破業績紀錄。我曾在麥當勞單槍匹馬用一張白紙打造萬人組織，更在一年內幫助三家公司創造萬人團隊。

回顧職業生涯，我前前後後管理的人數加起來超過兩萬人，帶領團隊創造的收益累積超過上億元，還幫助上千名管理者在職場上獲得成功。二〇一二年，我創立超越巔峯培訓企業，決定投入培育人才領域，藉由演講分享自身經歷，鼓舞更多年輕人。

那麼，究竟該如何管理團隊呢？

這本《百億超業CEO教你帶領業務鐵軍》強調，應該把對的人放在對的位置上。世上沒有無用的員工，只有不會用人的主管。知人善任是團隊管理的核心，是管理者的重要工作。

事實上，團隊需要的不一定是最優秀的人，而是最適合的人。愛因斯坦深刻了解這個道理，他曾拒絕被提名為以色列總統候選人，只願專心從事科學研究。試想，如果愛因斯坦擔任總統，以色列歷史上可能會多一位不太稱職的總統，而人類歷史上必然會少一位偉大科學家。

再者，張強提醒，主管下達工作指令時，要記得告訴員工「為什麼」。能幹主管不但會告訴部屬「為什麼必須（為公司、團隊）執行這項任務」，還會講述「為什麼這項任務要交給你做」。

舉例來說，能幹的主管會說：「小明，向某公司提案的事就交給你了。如果提案成功，對方將成為我們的大客戶，你也有機會在公司裡一顯身手，為你的升職加分，所以我希望這項工作交給你做。」

相信各位都很想知道，使用這個方法會有哪些好處？請看看張強在後面章節中的詳細說明吧！

大家都知道，若生病了去買藥，在服用前一定要詳讀用藥說明書，否則可能吃錯藥或是吃錯量；若買了新電器後發現不會使用，一定會翻閱產品說明書，不然可能損壞電器或是傷到自己。因此，主管為了做好團隊管理，應該閱讀並參照這本《百億超業CEO教你帶領業務鐵軍》的內容。

我基於對讀者負責任的態度，徹底研讀了這本書。感謝張強將團隊管理的方法講得更透徹、更務實、更易於實踐，讓大家能一看就懂、一學就會。

想要有所改變，就要採取行動，換句話說，要「活用」知識，而不只是「閱讀」。期待有更多管理者受到這本書的啟發，成功打造出一流團隊！

前言

業務銷售的問題80%出於團隊管理，該怎麼改善？

業務銷售是企業經營的核心環節，只有做好業務銷售，企業才能確保產能、持續獲利，進而長久發展。因此，對企業來說，銷售管理非常重要，對業務主管來說，打造出高效協作且充滿鬥志的團隊，是他們對企業的最大貢獻，也是個人專業的展現。

但是，管理業務團隊相當困難。根據調查，企業經營的問題有八〇％源自於業務銷售，而業務團隊的管理問題就占了其中八〇％。由於業務團隊的人數通常比其他部門的人數還要多，管理的難度自然比較高，再加上市場競爭加劇，因此業務團隊不夠專業的情況會更為凸顯。如何解決這些問題，已是業務團隊主管急切尋找的答案。

雖然管理業務團隊並不容易，但也不是無法做到。我曾是阿里鐵軍的頂尖業務與業務團隊主管，之後陸續在美團網、去哪兒網、旅悅集團歷練，而且在擔任旅悅集團CEO的期間，帶領員工取得全球簽約兩千家、開業一千家飯店的成績。

在本書中，我結合自己在業務工作與團隊管理方面的經歷，總結出其基本邏輯與具體方法，為讀者解開「如何打造業務鐵軍」的難題。

對於管理業務團隊，我最深刻的領悟是：

- 管理十至三十人的團隊，只要夠勤奮、肯付出，就能讓團隊成長起來。
- 管理三十人以上的團隊，必須制定明確的制度，讓成員依據規則完成任務。
- 管理一百人以上的團隊，要知道成員的長處與短處，幫助他們揚長避短，做適合自己的工作，將潛能發揮到極致。
- 管理一千至兩千人的團隊，不要過度在意工作過程或結果，而要重視培育人才。
- 管理兩千至三千人的團隊，要將理念和夢想視為行動的最高指導原則，傳遞給所有的成員，讓他們朝著同一方向前進。

等到管理更多人的時候，你可能已是一個事業部或一家公司的總經理，此時投資人、老闆、朋友、同事及部屬會提出各式各樣的看法。你要有邏輯地分析每個環節，然後訂定策略、建立資源、收穫結果，最後說服他們：我的決策是對的。

回顧我剛晉升為業務主管時，以為只要不斷幫助部屬談案子、衝業績，就能帶好團隊。事實上，如果團隊成員不到三十人，你只需要用自己的能力、經驗及資源，協助部屬拿下更多更大的案子，團隊業績就會越來越好，大家更願意追隨你。只不過，你會做得很累，沒有什麼成就感，甚至覺得做個頂尖業務還比較快樂。

後來，當我陸續帶領三十人以上、一百人以上、甚至一千人以上的團隊時，發現無論管理者或領導者的能力多麼扎實、經驗多麼豐富、資源多麼強大，都不可能憑藉一己之力完成團隊目標。管理者要懂得發掘成員的動力來源，讓每個人獲得有意義的發展，在工作中感到開心，這才是管理者最大的成就感。以我個人為例，我就是從「讓部屬獲得成功、持續成長，過著更好的生活」這件事中，獲得很大的樂趣。

主管最重要的工作不是盯進度、催業績，而是讓自己的工作態度影響更多部屬。許多企業只看重業績、著重制定ＫＰＩ，而我則是將五〇%的精力放在培養部屬。

相較於其他的業務類書籍，本書的獨特之處在於，提出個人的職場故事、經驗反思，並從中歸納出值得借鑑的業務技巧與管理策略。

無論是業務主管新手，或是帶領上百或上千人團隊的業務領導者，甚至是準備創業的業務高手，都可以從這本書汲取養分，來調整自己日後前進的方向與步伐。

企業領導人的一言一行、一舉一動，無不被員工看在眼裡，影響員工的行為。要求員工做到的事，主管必須先做到。禁止員工去做的事，主管也必須禁止自己去做。

——李嘉誠

Chapter

1

能讓業務員甘願跟著打拚的主管，都得有什麼特色？

頂尖業務的思考和行動，比一般人勤奮百倍

二〇〇六年我進入阿里巴巴，起初業績相當不理想，差點被淘汰。所幸，那時候我一路堅持，到了二〇〇七年就成為阿里鐵軍的頂尖業務。我總結這段經歷，歸納出業績突飛猛進的原因就是「勤奮」。

我不覺得自己比別人聰明，只是起跑得快，每天早上七點就出發拜訪客戶，直到晚上八、九點才回公司。那時候，即使磨掉鞋底、穿破襪子，也沒有錢更換，但這一切困難都沒有讓我產生放棄的念頭。因此，我相信從平凡業務成長為頂尖業務的途徑，只有一條勤奮之路。

字典裡面沒有「不可能」

回顧我第一個成交的客戶，一開始他對合作提案沒有興趣，只是當時我手上沒有其他有意願的客戶，於是心想不如就專心「攻」他一個人。所以，我每天跟在他身後，希望他能同意合作。

起初，對方十分抗拒我的窮追不捨，甚至要求廠區的保全人員將我擋在門外。當下我十分氣餒，不過一想到自己付出的努力，就決心要把他簽下來。既然保全不讓我進門，我自己翻牆過去找他。

或許是我的堅持打動了對方，後來他抱著姑且一試的態度，答應與我簽約。但是，在正式簽約時，客戶的太座表示不同意，兩人甚至為此動起手來。當下我連忙起身勸架，結果他們的拳頭全都落在我身上。我看到客戶因為簽約而鬧出家庭革命，原本打算就此作罷，卻千萬也沒想到，這時候反倒是對方堅持要與我簽約。

這就是我在阿里鐵軍拿到的第一份合約。至今我都很感謝那位客戶，也感謝那時候拚命的自己。如果我當時在任何一個時刻放棄，也許再也沒有後來的故事，更沒有今天執掌旅悅的我。

還有一次，我拜訪一家工廠，那裡飼養很多鵝。不幸地，其中一隻大鵝跟在我後面緊追不捨，後來還狠狠地咬了我的屁股，以至於我現在對鵝仍然心有餘悸，一看到就馬上躲得遠遠的。

正是這些不堪回首的經歷，讓我往後無論遇到多麼艱辛的挑戰，都能扛得住。成功沒有捷徑，更不是一下子就直達巔峰。想要成為頂尖業務，只能每一天踏實地累積實力，用勤奮冶煉自己的潛能。

「不可能」只是懶惰的托詞，你要為自己設立高目標，並且全心投入其中。起初你可能覺得目標高不可攀、難以實現，但只要你傾力奮鬥，沉睡在身上的巨大潛能一定會迸發出來。

稻盛和夫的成功秘訣是「勤奮」

在《生存之道》一書中，日本企業家稻盛和夫歸納出六種精進人生的方法，其中一項提到「付出不亞於任何人的努力」。他說：「這一點是一切的基礎。一個無法兢兢業業、勤奮進取、不落人後的人，沒有資格談論人生和命運這個話題。」

稻盛和夫用他的人生實踐這一句話。在創業之前，他對企業經營一竅不通，卻還是開辦工廠。當時，雖然員工只有二十八人，他仍然向眾人宣布：「我們大家一起努力，把工廠打造成原町首屈一指的企業。」

稻盛和夫深知，如果不努力，公司的經營很快就會出問題，所以他每天都拚命工作。後來，他的目標從原町第一、西京第一、中京區第一、京都市第一、日本第一，一直擴大到世界第一。對於「世界第一」的目標，他不是只喊喊口號，而是朝著目標努力，時常問自己：「如果要成為世界第一，我該如何做好眼前的每一項工作？」

在努力的過程中，稻盛和夫明白：「即便你說自己在努力工作，但若這個『努力』的標準是由自己制定，若這個『努力』只是自己與自己比較的結果，這樣是不夠的。如果不更加認真、更加拚命努力工作，那麼你經營的企業也好，你自己的人生也好，都無法如願發展。」

在這個基礎上，稻盛和夫進一步問自己和所有員工：「你是否付出不亞於任何人的努力？」「你的工作熱情是否不輸給任何人？」

稻盛和夫的成功與勤奮密不可分。他從一文不名的年輕人，成為世界五百強企業的締造者，如果沒有勤奮的加持，就沒有後來的財富、地位及成就。

對業務工作來說，勤奮也是必備的首要素質。業績是一步一腳印跑出來的，更是一字一句聊出來的。任何邁不出腿、張不開口的業務員，都不可能取得優秀的業績。因此，**一旦你選擇業務這個職業，就要付出不亞於任何人的努力，如同踏上朝聖之路的苦行僧，不畏風雨勇往直前。**

沒有什麼會比日復一日的勤奮更具說服力。你每一天都要比昨天更努力一點，比別人多打一個電話、多拜訪一個客戶、提前做好拜訪準備、多讀一些書、多累積一點經驗，讓勤奮成為你的習慣，融入血液和意識當中。累積到一定程度，你所有的「多做一點」就會帶來改變。

除了勤於行動，更要勤於思考

你要手腳勤快，抓緊一切時間去跑客戶。當你的同事在吃喝玩樂，你在跑業務；當你的同事酣酣入睡，你在整理當天的工作感悟；當你的同事因為簽到一張小單而沾沾自喜，你在追求更高的業績。

總之，你要記住：只要比別人多努力一點，最後收穫的果實就會更豐碩。美國作家奧格・曼狄諾在《世界上最偉大的推銷員》一書中寫道：「我打算告訴你一個秘密。你的管理者知道這個秘密，那些事業成功的人也知道這個秘密。那就是，你只要比一般人稍微努力一點，你就會成功。」

除了手腳勤快，思想也必須勤快。這意思是，不要放任懈怠、放棄的念頭孳生蔓延。我見過不少同業最後輸在思想的懈怠，他們即便每天都跑業務，但是從疲憊的眼神和散漫的精神，就能看出心裡面已經開始放棄。

當一個人開始生出懈怠的想法，這種懈怠很快就會從精神層面延伸到行為層面，以至於做事變得懶散拖遝，最終全然放棄。若要思想不懈怠，必須維持激情和夢想，每天都熱忱地相信：「憑藉自己的力量，終究能成為頂尖業務。」要讓這股激情和夢想成為精神力量，激勵自己不斷努力。

思想勤快不僅是要避免懈怠的想法，也是要懂得運用策略和方法，高效開發客戶，快速實現成交。如果將業務工作比喻為掃地，過去用掃帚，現在用吸塵器，後者比前者更有效率，能達到事半功倍的效果。這就是思想上的勤快，你若能多動動腦筋，就會收穫得更快更多。

從平凡業務到頂尖業務只有一條路，就是勤奮之路，這條路上有九，九九九級台階。

走好第一級，就能走上第二級；走上第二級，就能看見第三級；走好前面的十級，就能看見後面的一百級。

常言道「一分耕耘，一分收穫」，但我認為在堅持夢想的道路上，更好的心態應該是「只問耕耘，不問收穫」。即使一時看不到頂點，只要專注每一個當下，頂尖業務的冠冕終究會向你招手。

好主管拚體力也拚腦力，讓自己成為MVP神隊友

每個頂尖業務的下一個職涯目標，都是晉升為業務主管，我也不例外。二〇〇九年，我在年初坐上業務主管的位置，當時我還不懂得如何帶領團隊，只知道每天帶著部屬拜訪、簽約，希望他們累積經驗、獲得成長。然而，當主管並非那麼簡單。

那時候我剛拿到全國業務冠軍，各方面的狀態都非常好，當月成交二、三十個客戶，拜訪量也很高。然而，我的團隊成員大多是毫無經驗的新人，我每晚都帶著大家梳理第二天要拜訪的客戶資料，隔天再陪著他們一家一家登門拜訪。

管理業務團隊是個沒有體力就很難堅持的工作。很多時候，梳理資料結束時已接近晚上十一點，我還要做自己的工作，而且第二天要很早出發拜訪客戶。每一天的時間安排都很緊湊，基本上只能在車上休息，甚至偶爾要自己開車，身體實在非常疲憊。

除了體力之外，還需要腦力。體力讓業務主管能充滿激情地帶領團隊，腦力則讓他們

能思考更快達成團隊目標的方法。有些時候，你花費很多力氣和時間都無法完成一件事，很可能就是因為缺乏思考。

帶領團隊是腦力活，而且要把思考的焦點放在培養部屬上，這才是管理工作的核心。當你成為管理者，平常不僅要思考自己如何取得業績，還要思考如何幫助部屬獲得進步，如何讓他們覺得努力有所回報。只有全心全意為部屬考慮，他們才會心甘情願跟著你，與你一起馬不停蹄地奔波。

傳承經驗，讓員工心服口服

很多業務員在晉升到管理階層之後，經常行蹤神祕，剛露面又馬上不見，讓部屬很難找到他。其實，剛當上主管的人應該要手腳勤快，像師傅帶領徒弟一般，多與部屬互動，多帶著部屬拜訪客戶，將過去累積的經驗和技巧都傳承下去。

而且，這是你總結經驗的好機會。在這個階段，你最大的競爭力就是過往累積的經驗，然而經驗很容易丟失，只有做好總結，經驗才可能真正屬於你。因此，**別以為當上團隊管理者，就可以翹起二郎腿，坐在辦公室裡發號施令，你真正應該做的是行動起來，在**

帶領和指導部屬的同時實現自我提升。

在這個過程中，你可能要付出比以往更多的體力。你過去只要完成自己當天的任務，現在則要幫助每個團隊成員完成任務。只要還有一個人未完成，你就要繼續行動，帶領並指導他。

由此可見，做好業務主管的第一步是保持良好的體力，否則很難跟上團隊的方向和節奏。業務員或業務主管並不是天生體力充沛，而是需要不斷地鍛鍊，維持良好的作息，才能保持身體強健有力。

業務工作是一種體力活，你只要動起來，就是在積攢機會。我總是告訴員工，做業務不是靠運氣，更不是坐在辦公室等著天上掉下大合約。合約都是靠自己一步一步跑出來、汗珠一滴一滴累積下來。

如果你每天比別人多打一通電話、多拜訪一位客戶、多做一些回顧反省，幾年下來，你會發現那些多跑的里程數、多滴下的汗水，都轉變成別人望塵莫及的成績。你會發現，每天打一百通電話的人，比起每天打三十通電話的人，成交率高出三〇%；每天多拜訪一個客戶的人，年終業績可以高出一倍。

很多業務主管會要求部屬：「一天最少打一百通電話、發十封有效郵件，一週拜訪三個重點客戶、三個普通客戶。」但是，我的要求比這些還要高出一倍，因為你只有比別人更努力，才有可能超越別人。你一定要付出不亞於任何人的努力，從工作後的痠痛和汗水中，感受到拚事業的快樂。

後來我還發現，在某種程度上，**每天的體力勞動是一條磨練和提升心智的道路。如果手腳勤快，能了解更多資訊，擁有更多機會；如果手腳不勤快，思想也很難勤快起來。**

知人善任，發揮團隊最高戰力

在晉升為業務主管之後，除了要手腳勤快，更需要腦袋勤快，也就是要勤思考、勤分析，並且經常回顧反省，特別是思考團隊的分工管理。

管理學有一個「蟻群效應」理論。螞蟻擅長分工合作、各司其職，不僅組織分工嚴格，而且組織架構很有彈性。當牠們工作時，不需要監督就可以形成團隊，有條不紊地完成任務。蟻群效應的重點在於，透過樹立組織結構和分配職務，發揮團隊成員的能力。

思考如何透過分工，讓團隊有效率地運轉，是業務主管最重要的工作之一。具體來說，管理者要知人善任，了解部屬的個性，根據他們的特質適當地安排分工。舉個例子，在旅悅集團，有的業務員擅長與連鎖飯店負責人打交道，有的業務員擅長開發網紅飯店。**依照員工特長分配工作，既能發揮各人所長，又能提升工作效率；相反地，如果讓部屬負責他不擅長且不感興趣的任務，很可能會事倍功半。**

《論語》寫道：「己欲立而立人，己欲達而達人」，這句話的意思是：自己要站穩，也要讓別人站穩，自己要騰達，也要讓別人騰達。業務主管就要有這樣的遠見，當你帶好自己的團隊，幫助部屬獲得高業績，你也會獲得非比尋常的成就和滿足。以我個人為例，每次看到團隊成員刷新業績，都發自內心地為他們感到自豪，也為自己感到自豪。

我還記得，當我帶領的團隊獲得業務團隊冠軍時，所有成員都很激動。雖然我們在工作過程中經歷種種波折，但正因為擁有一起奮鬥的經歷，我們之間的情誼變得更緊密，更願意為下一個目標全力以赴。

業務工作看似人人都能做，但是能做得好的人寥寥無幾。管理工作也是如此，要成為優秀的業務主管，更是難上加難。從當上業務主管的那一刻起，就要提醒自己：要做好業務管理的工作，不僅要拚體力，還要拚腦力。

好主管絕不做2件事，而是打造3種工作氛圍

自我管理是主管必備的能力之一，如果自我管理做不好，團隊管理一定做不好。根據我的經驗，業務主管必須恪守以下紀律和職責。

不想自毀前程，這2件事千萬不能做

業務團隊的管理者一般都是中階主管，在企業中扮演承上啟下的樞紐，他們的個人素養、與各層級部門的協調能力，都關係到未來的職涯發展。所以，有兩件事業務主管絕對不能做：一是在部屬、同事面前抱怨公司或上司，二是在表揚、激勵部屬時給予過度承諾。

◆不在部屬、同事面前嚼舌根

為了維護團隊和公司的運作穩定，管理者絕對不要在部屬面前，談論上司或同事的是非。不議論同事，是因為我們每天都與同事來往，論人是非會影響自己的人緣，上司也不樂見這種行為。不議論上司，是因為自己不經意的一句話，在別人聽來可能是批評，若傳到上司耳中，更不利於未來的工作發展。

要永遠記得這句話：「勿給別人留下把柄。」管理者時刻都要謹言慎行，不抱怨、不說他人是非。抱怨上司、同事或公司，不會帶來任何工作上的好處，只會暴露你的幼稚和無能。而且，你永遠不知道自己傾訴的對象，會不會將你的話添油加醋，然後告訴別人。與其這樣，不如將抱怨的話換成讚美，因為無論真心與否，傳出去都不會造成負面影響。

事實上，喜歡抱怨、習慣散發負能量的人，都過得不好，而且無法專注做好一件事情。這樣的人無論做什麼工作，無論身居什麼職位，都會成為失敗者。真正有能力的人都專注地做自己喜歡的事情，不會把時間浪費在抱怨上。任何抱怨都是無能的表現，只有挖掘自身潛能，充分發揮才幹，才能在工作中實現自己的價值。

◆不在表揚、激勵部屬時畫大餅

拿破崙曾說：「我從不輕易做出承諾，因為承諾會變成不可自拔的錯誤。」不少管理者濫用承諾激勵員工，他們把話說得太滿，根本無法兌現，最後讓員工心生厭惡。管理者不要輕易承諾，更不能過度承諾。如果不得不對員工做出承諾，一定要把握兩個重點。

首先，承諾一定要明確，不能模稜兩可。

我讀過一個故事。有一天，老人坐在路口的樹蔭下乘涼，突然有個年輕人跑過來，向他求救：「有人誤以為我是小偷，正在追趕我，威脅要剁掉我的雙手。」年輕人說完，就爬到大樹上，並叮囑老人千萬不要洩漏他的行蹤。老人看年輕人不像小偷，便說：「讓我想一想。」

在年輕人看來，老人的答話是一個承諾，於是安心地躲在樹上。不一會兒，追趕的人果然來了，他們問老人：「你有沒有看見一個年輕人經過這裡？」老人以前曾經發誓，一輩子都不說謊話，便回答：「見過。」追趕的人繼續問：「你知道他去哪裡嗎？」老人用手指了指樹上。於是，年輕人不得不從樹上跳下來，他忿忿不平地指責老人：「你違背了自己的承諾！」

這是虛構的故事，道理卻非常深刻。很多管理者就像故事中的老人，在員工提出要求，或是想激勵員工時，給出一些模稜兩可的承諾，例如：「到時候再說」、「我想一想」、「先這樣，到時候看情況」。

員工通常會將這些說法當成承諾，當他們發現管理者難以兌現，會心生反感，覺得主管沒有誠信。因此，管理者在必須做出承諾時，絕對不能模稜兩可，要給出明確的條件和獎勵，例如：「你完成這個項目，可以拿到一五%的獎金提成。」

其次，如果承諾無法兌現，一定要及時道歉並彌補。

工作上難免出現意外狀況，導致承諾無法兌現，比如說，因為專案虧損，而無法按照之前的承諾發出獎金。這時候，管理者要及時向員工致歉，詳細說明原委，並設法彌補員工的損失。如此一來，即便你沒有及時兌現承諾，員工也會看到你的誠意，進而更加信任你，更願意為團隊付出。

管理者並非不可以做承諾，而是不要輕易承諾。如果做了承諾，請務必遵守。

想讓工作更順暢，打造3種職場氛圍

我在去哪兒網任職時，就提倡要為員工打造三種工作氛圍：省心、放心和開心。

省心：交代工作不用說第二遍。很多管理者在交代任務時，要說四、五遍才能讓員工理解。這不但降低管理者的效率，也影響員工接下來的執行。因此，「交代任務不用說第二遍，讓管理者和員工都省心」，是非常重要的理念。

為了做到這點，管理者一方面要明確傳達任務，並確認員工正確理解，另一方面要向員工強調：「我交代工作不會說第二遍，所以你一定要認真聽，有不理解的地方請及時提出」，藉此強化員工的專注力和理解力。

放心：建立主動彙報的制度。員工主動彙報工作進度，讓管理者快速掌握實際情況，及時幫助員工解決問題，就能讓雙方工作起來都更放心。

開心：提倡主動分享，互相幫助。不同於單獨作業，團隊工作需要互相協作。因此，管理者要凝聚團隊意識，鼓勵員工互相幫助、主動分享，讓成員感受到團隊工作的樂趣。

因為遵循以上的自我要求，我的管理工作才能順利推進，自己和團隊才能快速成長，一起創造出更高的工作效益。

好主管不會只發號施令，會自我管理樹立榜樣

管理者最重要的工作不是打報表、盯團隊，而是給部屬做榜樣，讓自己的做事風格影響一批人。我深信，管理者能否樹立正確的榜樣，決定了團隊管理的成敗。

某一天的凌晨三點，我接到客戶的投訴電話，對方惱火地抱怨產品品質有問題。我連忙向客戶道歉，承諾早上一定給他滿意的答覆。掛上電話後，我打開電腦，仔細分析產品的問題，並擬定兩套解決方案。

到了早上，我比平常提早一個小時進公司，並通知團隊成員提前十五分鐘到辦公室，召開緊急會議。我大致說明客戶投訴的內容，然後拿出兩套解決方案給大家討論。最後，團隊決定採用第一套方案，而值得高興的是，客戶也非常認可。

這次事件之前，很多團隊成員在半夜接到客戶電話時，都會找理由搪塞推託，等到隔天甚至第三天才處理問題。自從這次緊急會議後，大家都學會把客戶放在第一位，盡力在

第一時間替客戶解決問題。那一刻，身為管理者的我感到非常自豪。

不論在什麼團隊，管理者都是員工的一面鏡子。從管理者的處事方式和態度，就能看出一個團隊的工作水準，古人說：「表不正，不可求直影」，正是這個道理。由此可見，管理者若要改進員工的表現，必須先從自己做起。

發揮「權威效應」，影響部屬做出改變

網路上有一句流行語：「我們永遠無法改變別人，只能透過改變自己去影響他人。」我非常認同這句話，但是在管理工作的現場，總會看到管理者強迫員工改變，最後不但不成功，還逼得員工離開團隊。

我以前做業務時，認識一家飯店的經理。這家飯店的規模不大，櫃台只安排兩個接待人員。經理向我抱怨：「櫃台早班的兩個員工特別懶散，我早就想換掉他們，但是臨時找不到合適的人。」我詢問具體上是什麼事情，導致他要辭退那兩名員工。

經理說：「他們幾乎每天都遲到，換班時其他員工都很不滿。我們有遲到罰錢的制度，但對他們一點約束力也沒有。」我問他：「你平時幾點到飯店？」經理說：「我通常

十點左右到，有時候會更晚一點。」

我建議他：「以後，你提早一點到飯店，這樣一來他們不好意思比你晚到。」一個月之後，經理打電話告訴我：「這一個月來，我每天早上八點半準時到飯店，他們果然沒有再遲到了。」事實證明，主管的行為很容易被員工模仿。

員工模仿管理者的行為，是因為「權威效應」。美國心理學家做過一個實驗，在某大學心理系的課堂上，老師向學生介紹一位來自外交部的德語老師，並說這位德語老師是著名的化學家。

接著，這位德國化學家拿出一個裝有蒸餾水的瓶子，宣稱這是他發明的一種化學物質，帶有些許氣味。他要求學生試聞，如果聞到氣味就舉手。結果，大多數學生都舉起手。

事實上，這瓶蒸餾水無臭無味，為什麼大多數學生還是舉手呢？這就是「權威效應」的現象。當說話的人比自己地位高、受敬重、有權威，那麼他表達的內容更容易引起重視、信任和效仿。

對員工來說，管理者身份是一種權威，其一言一行是一種隱形的制度。哈佛大學心理學教授大衛．麥克利蘭曾說：「管理是一場影響的遊戲，真正優秀的主管不僅考慮員工需求，更會影響員工的想法和行為。」員工會相信並效仿管理者的行為，因此主管想要對部屬產生積極的影響，就要從改變自己開始。

以身作則，自己先做到再要求員工

李嘉誠曾說：「企業領導人的一言一行、一舉一動，無不被員工看在眼裡，影響員工的行為。要求員工做到的事，主管必須先做到。禁止員工去做的事，主管也必須禁止自己去做。」我們不難發現，若管理者做事拖延，底下的員工也不俐落。若管理者做事雷厲風行，底下的員工也比較果決。

有一次，ＩＢＭ公司創辦人湯瑪士．華生帶著客戶參觀廠房，當他們走到門口，卻被警衛攔住。警衛說：「對不起先生，你們不能進去。ＩＢＭ廠區的識別證是藍色，行政大樓工作人員的識別證是粉紅色，你們佩戴粉紅色的識別證，不能進廠區。」

老闆身邊的助理看到警衛不識大體，生氣地說：「你知不知道這是我們公司的大老闆？我們要帶重要的客戶參觀廠房。」然而，警衛還是堅持說：「不好意思，這是公司的規定，我是公司的員工，必須依照規定辦事。」

很多人替這名警衛捏一把冷汗，但湯瑪士・華生笑著說：「你說得非常對，我們應該佩戴藍色的識別證，才能進廠區。」接著就讓眾人更換識別證。從此以後，再也沒有人違反廠區識別證的制度。

對員工來說，最好的管理方式無疑是「老闆能做到，我們也要做到」。無論是遵守制度，或是處理公事，管理者都要樹立正確的榜樣。唯有讓員工清楚標準，他們才能達到標準，團隊才能發展得更好。

能幹主管會說：「最後的責任我來扛！」

管理者不僅要為自己負責，更要為員工和整體團隊負責。

不少管理者將自己的角色定義為向下傳達指令、指揮部屬完成任務，至於部屬有沒有能力勝任，他們並不在意。如果任務未能完成，他們會指責部屬能力不足。這無疑是最不負責任的管理方式。

負責任的管理者安排工作時，除了明確告知任務內容，還會將任務拆解成員工可以勝任的小任務，並提供指導意見。在員工執行任務時，他們會持續追蹤狀況，及時給予幫助。此外，當團隊遇到問題，負責任的管理者會站出來承擔，而不是推託：「這都是員工做的，我只是安排任務而已。」

敢於承擔責任的管理者容易獲得員工信賴和擁護，能發揮積極正面的影響，讓團隊在遇到困難時不退縮，勇敢面對並解決難題。像這樣積極向上的團隊，才能創造更高的業績。

我一直尋找更好的管理方式，最後發現答案是要先管好自己。當你為員工樹立榜樣，建立承擔責任的觀念與態度，團隊就能朝著正確方向努力，如此一來，工作上的所有難題都將迎刃而解。

想擁有更高階的領導力，需要人情味、創造力……

在團隊越來越成熟，讓主管信心倍增之後，此時該思考的問題是：如何獲得更高階的領導力？我認為，以下這些管理者的特質值得你刻意培養。

素質1：一顆激情勇敢的心

業務團隊應該充滿激情，在面對困難時勇往直前，你身為團隊的領導者，當然更需要一顆激情勇敢的心。然而，所謂的勇往直前，並非要領導者一個人衝上前線，孤軍奮戰，而是要勇於挑戰，帶領團隊攻克更高的目標。

每當業務推展遭遇困難，或是競爭壓力比較大時，我會想著：「只要我不退縮，部屬一定也不會退縮。」為了讓員工感受到我的激情勇敢，我會站出來鼓勵大家並肩作戰，告訴他們：「我們最不怕的就是困難，因為困難能使我們快速成長。」

當我這樣做，團隊在遇到困難時，果然變得更加勇敢。以前做事總是畏手畏腳、怕東怕西的部屬，現在變得會放手一搏，讓我非常欣慰。我再一次認識到，真正的領導力不是指派員工做事，而是要用自己的激情勇敢去影響員工。

素質2：南風般溫暖的人情味

許多人認為，管理者就該有管理者的樣子，對員工太溫柔只會失去威信，難以讓員工服從管教。這種想法並沒有錯，只是我認為帶團隊就是帶人心，而人心需要溫柔相待。主管面對工作時，要嚴守制度、按規矩行事，而面對員工時，則要態度溫柔。

我曾在拜訪一家飯店時，正好碰到經理訓斥員工，於是我坐在一旁等候。只聽到他聲嘶力竭說：「你們這群廢物，我只交辦一件事，你們都做不好。是不是沒有我就不行了？」員工紛紛低下頭，像犯了錯被老師訓誡的小孩。

後來我再去那家飯店洽公，經理已經換人。據說是員工集體向公司高層反映，那位經理的做法讓很多老員工打算辭職，所以才做出人事調動，希望他好好反省。我為那位經理感到遺憾，因為從我們的合作經驗來看，他的能力值得肯定，只是對待員工的態度確實欠妥。從這件事之後，我開始反思，對員工要盡量溫柔相待。

社會心理學有「南風效應」的概念，又稱作「溫暖法則」。此概念源自法國作家拉封丹的一則寓言，故事內容是北風和南風互相競賽，看誰能先讓行人脫掉身上的大衣。北風率先展示威力，張開大嘴呼呼地吹，想吹掉行人的衣帽，沒想到行人為了抵禦寒冷，反而將衣服裹得更緊。輪到南風時，它只是徐徐吹動，人們漸漸覺得暖和，便紛紛將大衣脫掉。比賽的結果很明顯，南風獲得勝利。

這則寓言告訴我們「溫暖勝於嚴寒」，如今這個理念被廣泛運用在管理工作上，要求管理者有人情味，要尊重部屬並時刻關心他們。

那麼，具體上要如何溫柔對待員工呢？

一要注意說話的語氣。不要因為員工犯錯，就對他們頤指氣使。要用溫和的語氣和說話方式，與員工交流，例如：「這件事你的確做得不對，能不能說說你的想法？」而不是說：「你怎麼又犯這麼低級的錯誤！」你的目的是引導員工解決問題，不是打擊他們的自信心和自尊心。

二要多關心員工。主管不但要關心員工的工作，更要關心員工的生活，讓他們感受到溫暖。

總而言之，主管要採取人性化管理，不要因為制度和規則而變得麻木不仁，否則只會讓員工感到倦怠，甚至直接離開團隊，這對於主管或企業來說都是巨大的損失。

素質3：孩子般頑皮的創造力

頑皮的小孩有三個特點：好奇、好動、好玩。然而，很多家長比較喜歡文靜、乖巧的孩子，面對頑皮的孩子時常感到心煩，總是嚴厲制止他們的搗蛋行為。

事實上，頑皮的小孩往往更有創造力，更擅長突破框架。世界發明之父愛迪生，在童年時非常頑皮。有一次，老師問全班同學：「一加一等於多少？」大家都回答「二」，只有愛迪生回答「一」。為了證明自己的答案，愛迪生從口袋裡掏出兩顆糖，用嘴哈出一口氣，將兩顆糖黏在一起，然後反問老師：「這樣不就是一塊嗎？」

不可否認，頑皮的特質讓愛迪生的思維活潑，日後帶來偉大的成就。由此可見，想要提升領導力，就要保持孩童般的頑皮心，對周遭事物充滿好奇。只有透過不斷觀察、鑽研和嘗試，才能訓練出敏捷的思維，做出正確的決策，帶領團隊打更多勝仗。

很多時候，一個人能夠勝任管理職位，不只是因為聰明才智和專業技能，更是因為勇敢、溫柔和頑皮的特質，讓他具有吸引員工的魅力，而這種魅力其實就是領導力。因此，管理者想要擄獲員工的芳心，帶領團隊打勝仗，除了必備的專業之外，更要注重培養高階領導力，讓員工甘願為你赴湯蹈火，完成團隊目標。

鐵軍養成術

☑頂尖業務的字典裡沒有「不可能」，他們不但勤跑客戶，更勤於動腦，尋找高效開發、快速成交的方法。

☑晉升業務主管後，要將「栽培部屬」當成工作的核心，用實際行動幫助團隊提升戰力。

☑中階主管身為企業的骨幹，絕不能隨便說上司閒話、給部屬開空頭支票。想要提高團隊士氣，你該做的是營造省心、放心、開心的工作氛圍。

☑善用管理者身份的「權威效應」，讓員工效法你嚴守制度、勇於負責……的好榜樣。

☑想要精進領導力，成為厲害的管理者，你面對工作時要激情，面對員工時要溫暖，並且時刻保持孩童般的好奇心和頑皮心。

NOTE / / /

決策是管理的心臟，管理是由一系列的決策所組成。管理就是決策。

——諾貝爾經濟學獎得主　赫伯特・賽門

Chapter

2

超業CEO貫徹這套方法，就能制定決策到100%落地實踐

管理的起點是有效決策，6點建議幫你提高決策品質

在管理上千人的團隊之後，我發現管理者與部屬的最大差別就在於做決策。在任何工作展開之前，我都要仔細分析任務內容和外在環境條件，然後找尋最合適的方法，再交由部屬去執行。所以，我認為有效管理的起點就是有效決策。

決策是指管理者識別問題、解決問題，並且利用機會的過程。管理者做出的決策是否有效，會直接影響部屬的行為，甚至是團隊的存亡。美國管理學家、諾貝爾經濟學獎得主赫伯特・賽門曾說：「決策是管理的心臟，管理是由一系列的決策所組成。管理就是決策。」但是，在實際的管理現場，由於工作繁忙，很少管理者能夠做到積極思考、有效決策。

我剛當上大區經理時，也不太重視做決策這件事，畢竟每天有那麼多事情要忙，要見那麼多人、說那麼多話，上一秒與部屬商討任務，下一秒盤算如何開拓新市場，哪有時間

坐下來深入思考，甚至花上幾天制定決策呢？

加拿大管理學大師亨利．明茲伯格，在其著作《管理工作的本質》中，針對「管理者」提出這樣的看法：「管理者就像雜耍藝人，會同時把許多問題拋到空中。這些問題會在預定的時間內掉下來，然後在瞬間獲得能量，又重新回到空中。在此同時，新的問題已經在一旁排隊等候，不時會有舊問題被拋棄，新問題被添加進來。」管理者在這樣複雜的處境中要做出有效決策，實在不是容易的事。

儘管如此，如果你坐在管理的位置上，卻不能做出有效決策，這代表你和團隊都走在錯誤的方向上。如此一來，你們越忙碌，產出的績效反而越低。

業務團隊管理者必須學會快速思考、快速制定有效決策的方法。對此，我想分享以下六點建議。

想提高做決策的效率，要先了解問題

管理者遇到問題時，不要慌張盲目行動，而是要先了解問題本質。唯有如此，才能釐清決策的思路和方向，然後快速高效地做出決策。

在管理工作上遇到的問題，通常可以分成四類：

- 第一類：在團隊或整個行業普遍存在的問題。
- 第二類：就團隊而言並不常見，但在該行業普遍存在的問題。
- 第三類：無論團隊、企業或整個行業，都沒有發生過的特殊問題。
- 第四類：第一次遇見，但較為普通的問題。

除了第三類之外，其他類別的問題往往都有普遍適用的解決方案。由於它們發生的頻率較高，大多是別人已找到解法，或是自己曾解決的問題，因此管理者可以憑藉過去的經驗，迅速做出決策。至於第三類特殊問題，管理者要花更多時間和精力進行分析，尋找解決問題的有效方法。

最了解問題的人制定決策時，得注意什麼？

要針對某個問題做出決策，最好的方式是讓最接近問題、最了解問題的人（以下稱員工A）來制定決策。不過，這裡的「制定」並不是由員工A說了算，因為正確的決策需要經過全面斟酌。

管理者可以召開一次團隊成員的決策會議，先由員工A發表看法，再讓大家自由討論。如果員工A的決策合理，就要全力支持；如果員工A的決策欠佳，可以整合其他成員的看法，進一步優化並確定最終的決策。

考慮團隊成員，讓他們參與決策過程

決策從團隊裡面產出，最終要回到團隊裡面執行。因此，想要做出正確有效的決策，管理者必須深入認識每個成員、了解團隊運作的現狀。一旦脫離了團隊，再好的決策也是無效。

讓團隊成員參與做決策的過程，是確保決策有效的重要條件，其原因在於，不論你做出什麼決策，一定會有人抱持相反意見，但如果這個決策是由大家參與制定，反對的聲音就會減少。

當然，這不表示所有人都會接受或認同最終的決策，但是管理者只要確保多數人可以接受即可。雖然少部分人不認同，但是透過參與討論，他們可以充分了解決策產生的過程，進而為執行做好準備。

好決策的重點是解決問題，而不是受人歡迎

「如何判斷決策是否正確？」是很多管理者都想知道的答案。不少管理者在做決策時會考慮：「老闆會不會覺得這個決策不對」、「市場部門可能無法接受這個決策」、「部屬會不會反對這個決策」等等。事實上，即使我們做出讓所有人都滿意的決策，也不代表一定正確。

要判斷一個決策是否正確，應該從問題本身來看，而不是問題之外的人。因此，在做決策時，首先要關注的是這個決策能不能解決問題，而不是其他人喜不喜歡。

制定執行決策的計畫，讓部屬展開行動

決策只有真正落實執行，才能有效解決問題，推動團隊發展。我曾遇過一件事：某個

公司經理為了解決一個問題，聘請著名的顧問公司來制定決策，之後還特地召集團隊成員開會，動員大家積極執行。但是，會議結束後，大家還是各自為政，沒有人為此展開行動。結果，這個大費周章制定的決策，不僅沒有推動公司發展，反而浪費資源。

部屬不積極執行決策的原因，一方面可能是沒有參與制定決策的過程，另一方面是缺乏明確的執行計畫。管理者在最終決策確定後，要著手制定明確的執行計畫，將計畫拆分成具體的任務和行動，分配給團隊每個成員。

在這個過程中，管理者必須考慮表 2-1 的五個問題，才能讓計畫更有條理且順利地進行。

表2-1 制定執行計畫要考慮的問題

問題	解決措施
1. 哪些人必須清楚了解這項決策？	與執行決策相關的部門經理、主管及員工，必須清楚了解這項決策。
2. 執行這項決策需要採取哪些行動？	召開部門會議，制定執行計畫，並分配任務。
3. 需要哪些人採取行動。	不同任務要安排不同的人執行。管理者應清楚知道，執行這項決策要動用哪些員工，例如：五名業務員和一名售後服務人員。
4. 要以何種方式採取行動？	管理者不僅要清楚哪些人必須採取行動，還要考慮他們以何種方式行動，例如：A負責寫方案，B和C負責市場業務，D負責售後服務。
5. 採取這些行動需要哪些資源和資訊？	為了高效地展開行動，管理者應確保員工在行動前，已得到需要的資源和資訊，例如：管理者要說明可申請的活動經費。

執行的同時要收集回饋，持續優化決策

在執行決策的過程中，難免會出現各種問題。因此，管理者要收集員工或市場的回饋資訊，不斷地優化決策，以徹底解決問題。

具體來說，管理者要積極追蹤執行的進度，即時收集回饋，然後根據這些資料判斷決策是否正確。如果資料表明決策錯誤，管理者應立即調整。如果資料顯示當前沒有問題，管理者要繼續追蹤記錄，不能掉以輕心。

無論決策的大小，管理者都要謹慎對待，因為一個錯誤的小決策可能會引發一系列大問題。企業和團隊的運作仰賴正確有效的決策，因此管理者必須根據回饋持續調整決策。

部屬的執行力不佳？下指令時記得說明「為什麼」

任何目標、制度及計畫都必須切實執行，否則只是紙上談兵。在美團網帶團隊的幾年中，我對此有深刻的感悟。我原本以為，管理就是告訴部屬：任務是什麼、要怎麼做，但實際上，如果要提高部屬的執行力，與其告訴他們「要做什麼」，還不如告訴他們「為什麼做」。

不少管理者在發現部屬執行力不佳時，會抱怨他們的能力太差或是不夠勤奮。但事實上，管理者不能只將矛頭指向部屬，而是要反思自己的管理方式。

我發現部屬無法完成任務，很多時候是出於兩種原因：一是他們根本不知道工作的方法，二是他們知道方法，卻不清楚如何實際運用。

大多數管理者在安排任務時，會丟下一句話：「你去完成這個任務」、「這個客戶交給你，必須完成簽約」。但是，部屬接收任務後，根本不知道該從何處著手。

當然，有的管理者會指導部屬，清楚告知具體的工作方法，這解決了部屬的第一個問題——不知道怎麼做。但是，掌握方法不代表能用得出來，於是導致第二個問題——不清楚如何實際運用。這種情況的根本原因在於，你只告訴部屬要做什麼，卻沒告知為什麼做。

所以，無論是安排任務還是指導部屬，管理者除了告知「要做什麼」，更要解釋「為什麼做」。如此一來，可以得到以下好處。

好處1：部屬清楚你的指令

管理者的角色是上傳下達，既要接收上司的指令，也要將指令轉化成部屬能理解的語言，讓他們去執行。但是，不少管理者把自己當成上司的傳聲筒，只會原封不動把指令傳達給部屬，卻沒有解釋指令背後的理由。如果部屬發出質疑，這些管理者只會說：「這是上層的指令，你們照做就對了。」部屬雖然接受指令去執行任務，但是不理解「為什麼做」，於是執行過程中很容易出現問題。

我在美團網擔任大區經理時，接觸過許多團隊管理者，經常一起談論管理方面的心得。有一次，某位大區經理告訴我一件事。他負責的團隊一直無法提升業績，令他十分困擾。他反覆向團隊成員強調：「要搞定客戶，你們必須懂得站在客戶的立場去思考。」部屬聽完他的建議後，儘管改變做法，成效卻不明顯。

為什麼會這樣？我們分析後發現，雖然部屬知道要站在客戶的立場思考，但是他們不明白「站在客戶的立場思考」與「搞定客戶」之間有什麼關聯，所以無法採取有效的行動，最終很難完成任務。

管理者應當告訴部屬，要懂得站在客戶的立場去思考，因為能否成交與能否滿足客戶需求有關，而客戶的需求與他們的性格、年齡及愛好等有關。舉例來說，假設你是化妝品店的銷售員，若是只將利潤高的保養品推薦給客戶，成交率不會太高，若是根據客戶的膚質，推薦能滿足客戶需求的保養品，成交率就會提高。

如果管理者只是下指令：「要懂得站在客戶的立場去思考」，部屬很難明白自己應該注意客戶的性格、年齡及愛好等資訊。**如果管理者解釋交辦背後的理由，部屬就會理解指令、接收指令，然後改變自己的行為，順利完成任務。**

好處2：部屬找到存在感和自我價值

相較於一九七〇、八〇年代出生的員工，一九九〇年代出生（又稱九〇後）的員工更重視存在感和自我價值，也就是說，他們之所以會有動力去做某件事，是因為在這件事情上找到存在感和自我價值。

因此，在以九〇後為核心成員的業務團隊中，管理者分配工作時，要明確告訴部屬做這項任務的理由、最終目的，以及帶來的價值與意義。要讓他們知道，完成這件任務是自身價值的展現。

我帶領的業務團隊曾接獲一項任務，要到某區域與一家飯店簽訂合作契約。對方還沒有與其他旅遊平台合作，這表示我們有機會捷足先登。

我將這項任務交給一名部屬，語重心長地對他說：「這次如果能達成簽約，等於我們開拓了一個新大陸，公司的市場競爭力會變得更強，團隊的效益也會更高，而你將是邁出這一步的大功臣。這個任務交給你，我相信你可以完成。」這些話清楚表明了為什麼要做這項任務、這項任務的艱巨，以及完成這項任務將展現出的個人價值。

部屬得到這些資訊之後，一定會全力以赴完成任務。上述那些話的效果，遠比「去搞定這家飯店」還要強上百倍。

好處3：部屬的能力快速成長

不少管理者為了提高部屬的執行力，會傳授工作方法，但是當部屬想深入了解「為什麼這樣做」，他們卻說：「你知道這些就夠了。」這些管理者之所以會有所保留，無非是考慮兩點：一是擔心部屬掌握太多工作方法，若是日後離職，會對團隊和企業造成傷害；二是擔心「教會徒弟，餓死師傅」。

我身為管理者非常理解這兩種疑慮，但是這些思維顯然過於狹隘，除了會限制部屬的成長，挫損他們的積極性，也會阻礙團隊發展。如果團隊的運作狀況不理想，管理者可能連自己的位置都保不住，因此管理者要把眼光放遠，讓部屬了解任務背後的價值、意義及目的。

事實上，部屬在心中有數之後，就會放手去做，並且做得更好。當部屬掌握技巧和方法，工作效率就會提高，團隊績效也不斷提升。而且，唯有培養部屬成長，管理者才有機會晉升到更高職位，所以我一直強調「為什麼」比「做什麼」更重要。

根據實務經驗，當我只告訴部屬如何做，他們只會聽從命令，按部就班完成任務，即便最後能在期限內交出成果，也很難有突出的表現。相反地，當我告訴部屬為什麼這樣做，他們會進一步思考做這件事的價值、意義及目的，然後主動尋找更高效的方法，進而完成任務。很多時候，部屬的創造力和想像力都超出預期，讓我相當滿意。

我始終堅信，如果只告訴部屬做什麼，他們只能成為普通員工。如果告訴部屬為什麼，就會激發他們思考並積極行動，成為高效優秀的員工。我的目標是，讓團隊每位成員都成為高效優秀的員工。

部屬做事意興闌珊？用3個技巧點燃他的工作動力

我剛踏上管理職時，以為只要不斷幫助部屬談案子、衝業績，就能帶領團隊走得更遠。但是，當我開始管理一千多人的業務團隊，我有了全新的體悟。我認為，對於團隊管理者來說，發掘成員的工作動力來源，讓每個人都獲得有意義的發展，在職場和生活中都感到開心，才能讓團隊發展得更好。

這並不容易做到，但是我堅持去做。我一直摸索，尋找更合適的激勵方式，幾年下來累積的心得如下。

深入了解員工需求，並盡力滿足

我發現員工不能完成工作，大致上存在兩種原因：一是「不能」，客觀上做不到；二是「不為」，主觀上做不到。

如果是出於第一種原因，管理者要為員工提供相關的培訓和輔導，提升員工的能力，幫助他們完成任務。如果是出於第二種原因，就說明員工的需求未被滿足，以致於員工沒有工作動力，由此可見，想要發掘員工的工作動力來源，首先要深入了解他們的需求，並盡力滿足。

著名心理學家亞伯拉罕・馬斯洛，在其一九四三年的著作《人類動機的理論》中，提出需求層次理論，將人類的行為動機由低層次到高層次，依序分為五種：生理需求、安全需求、社交需求、尊重需求和自我實現需求。

馬斯洛指出，人的行為是由意識支配，具有一定的目的性和創造性。在不同的人生階段，某些層次的需求會占主導地位，其他需求則占從屬地位。根據這個理論，管理者為了有效激發員工的動力，必須先評估員工目前處於什麼層次的需求，然後調整管理策略，以滿足員工需求。

在管理工作現場，為了深入了解員工需求，我經常採取以下行動。

一是換位思考。最初成為管理者時，我總是強調自己的想法，甚至是強迫員工接受。慢慢地我發現，這種管理方式讓我難以了解員工的想法，更遑論他們的需要。因此，我改掉這個不好的習慣，開始練習思考：「如果我是員工，我需要什麼？」這樣做之後，我發現他們工作得更開心，更拚命為團隊貢獻。

二是細心觀察員工。不少管理者經常發號施令，卻很少觀察員工，當然無法了解員工需求。我建議管理者，不要把所有的休息時間都花在喝咖啡、滑手機上，而是要常去員工辦公區走動，了解員工的工作狀況，發現他們的需求並盡力滿足。

三是建立溝通管道。想了解員工的需求，就要讓員工有地方表達想法。你可以建立專門接收員工意見的郵箱，或者是定期約員工面談。

以上三件事，不僅讓你了解、滿足員工的需求，也讓彼此的關係更進一步，而且員工會變得更積極、更有動力。

讓員工「為自己工作」，不當打工仔

我在做業務時，見過一些對工作非常不積極的人。他們的工作態度是差不多就行，經常把「反正是替別人打工，何必那麼認真」的口頭禪掛在嘴邊。

帶領業務團隊後，我難免遇到這樣的員工。如果他們總是抱持這種心態，團隊的業績自然無法指望他們，但是我不可能靠著自己，完成整個團隊的業績目標。於是，我開始思考，如何讓他們改掉「替別人打工」的想法，轉而用認真敬業的態度對待工作。

我發現，要解決這個問題並不困難，只要讓員工清楚知道：任何工作都是為自己做的，他們才是自己人生的「Boss」。

的確，很多人質疑這一點。當你告訴員工「這是在為自己工作」，他們很可能根本不買單。替別人打工的固執觀念很難改變，但是著名社會學家馬克斯・韋伯曾說：「人是懸掛在自己編織的意義之網上的動物。」由此可見，如果用一些技巧讓員工找到為自己工作的意義，就可能讓他們改變想法。

首先，要明確告知員工這份工作的意義。很多人把工作的意義看作賺取薪資，所以才認為自己只是替別人打工。如果他們像賈伯斯一樣，認為工作的意義是改變世界，那麼不管薪資高低，都會充滿激情地工作。因此，在員工加入團隊時，管理者就要明確傳達這份工作的意義。舉例來說，我會告訴部屬：開發新的飯店，是為了讓旅客花更少的錢，選擇更方便舒適的住宿地點，得到更愉快的旅遊體驗。

其次，要給員工成就感，讓他找到自己的價值。每個人都希望成為更好的自己，如果在工作中一直無法發揮才能、展現自我價值，員工一定會變得消極怠工。因此，管理者要花一些時間，與員工一起分析完成任務所需的能力與資源，藉此幫助他們取得成就感，找到自己在團隊裡的價值。

不可否認，無論做什麼事情都需要價值感，這就像使命一樣，會激勵人不斷努力完成任務。所以，想要發掘員工的工作動力，就要懂得為員工創造價值感，這也是管理者最大的成功之一。

恩威並施，採用合適的獎懲方式

發掘團隊成員的工作動力，最簡單直接的方法是採用合適的獎懲當作激勵。一般來說，我會採取以下方式。

第一種，獎勵式激勵。心理學研究表明，個人內心的榮譽感是我們願意完成一件事情的根本動機，因此我設定獎勵機制，來滿足員工的榮譽感。舉例來說，我會根據考績獎勵排名前三的業務員，發給他們豐厚的獎金和榮譽勳章，並號召其他成員向他們學習。這樣一來，被獎勵的員工會更積極工作，其他員工也會被帶動，變得更有動力。

第二種，懲罰式激勵。心理學研究也表明，人會逃避羞恥感，當一件事令人顏面掃地，人們會極力避免它發生，因此我設定懲罰機制。舉例來說，我規定每個月業績未達標的業務員，要負責打掃辦公室。須注意的是，不要為了懲罰而懲罰，尤其不要隨便罰錢。懲罰的目的是為了激勵員工更努力，而不是消滅人的積極性，讓人想離開團隊。

第三種，橫向比較式激勵。透過團隊內部的良性競爭，可以讓員工保持緊迫感。舉例來說，我經常將員工分成若干小組，並安排相同任務。任務完成度高的小組，可以獲得團隊榮譽勳章，每個組員也能獲得獎勵。要注意的是，我們提倡良性競爭，不鼓勵員工明爭暗鬥，在採取橫向比較式激勵時，一定要妥善把握尺度。

團隊中每個成員的工作動力，就等於整個團隊的發展動力。管理者只有深入發掘，讓員工找到自己的動力來源，團隊才能得到更好的成長。

為什麼重金聘請的人才，竟然造成團隊資源浪費？

「如何才能激發員工潛能，讓他們自動自發完成任務？」這是我成為管理者之後，一直致力解決的問題。根據這些年的經驗和研究，我認為要把團隊潛能發揮得淋漓盡致，關鍵在於發現成員的優勢與劣勢，讓每個人做適合自己的事情。

《孫子兵法》寫道：「故善戰者，求之於勢，不責於人，故能擇人而任勢。」這句話的意思是，優秀的將帥善於捕捉時機，選擇合適的人才，去創造有利的形勢。其實，這也是管理之道。

話雖如此，在實際的管理工作中，適才適用並非容易的事。很多管理者在選拔人才時，只注重人才的能力。在他們看來，只要人才夠優秀，任何職位都可以勝任，殊不知，如果能力與職位不匹配，再優秀的人才也無法發揮潛能。

能力不是評判人才的唯一標準

讓員工做不適合的工作，是致命的錯誤。馬雲曾說，阿里巴巴在發展過程中犯過許多錯誤，其中一項是請來「能人」，卻無法安排適合的職務。我在阿里巴巴工作的那幾年，見過不少來自世界五百強企業的人才，他們的能力有目共睹，卻很遺憾沒有做出預期中的貢獻。

面對這種現象，馬雲感嘆：「這就像把飛機的引擎裝在拖拉機上，最終還是飛不起來。那些專業管理人才很有能力，但是的確不適合阿里巴巴。」能力強，不代表執行力強，也不代表生產力強。如果能力很強，卻無法轉化成執行力和生產力，就企業來看仍是沒有價值。

有一家化學公司為了提升業績，重金聘請一位化學教授，負責研發重要產品。但是幾年過去了，教授還是沒有開發出符合客戶需求的產品。最後老闆不得不承認，聘用這位教授是他最大的錯誤。原來，這位教授之前一直在學校的實驗室做研究，他從未體驗市場壓力，也不清楚客戶需求，於是進入企業後，當然會「水土不服」。

很多企業都跟這家化學公司一樣，為了引進人才不惜花費重金，後來才發現職位已滿，或是該職位根本不需要過高的學歷。最後，這些人才只能被束之高閣，拿著豐厚薪酬，卻難以發揮全部潛能。

這無疑是兩敗俱傷。對團隊來說，是資源的浪費；對人才來說，是時間和精力的浪費。因此，管理者要慧眼識珠，在選擇人才時記得：能力不是評判員工是否適用的唯一標準。

把合適的人放在合適的位置上

有「商界教皇」之譽的美國管理學家湯姆．彼得斯曾說：「雇用合適的員工，是任何公司所能做的最重要決定。管理工作就是讓合適的人去做合適的事情。然而，如果你雇了一些不合適的人，就別指望他們能把事情做好。」

美國第一代鋼鐵大王安德魯．卡耐基就深諳此道，他從一個不懂冶金技術的門外漢，成為鋼鐵業的成功企業家，極大一部分要歸功於知人善用。他曾說：「我不懂鋼鐵，但我懂鋼鐵製造者的特性和思想。我知道怎樣為一項工作選擇合適的人才。」

將對的人才放到對的位置上，就像是在生產線上，必須將原料放在恰當的地方，才能製作出預期的產品。「小材大用」和「大材小用」都不是理想的用人準則，唯有「適材適用」才能發揮員工潛能，實現個人與團隊的共同發展。管理者必須秉持這個觀念，並透過兩個方面做到適才適用。

◆了解每個職位的工作內容和職責

要讓每個人做適合自己的事情，前提是管理者要了解每個職位的工作內容和職責，才能為職位匹配合適的人才。

首先，閱讀並熟記職務說明書的內容，一般來說包括任職條件、職位目的、督導關係、相關單位、職責範圍、負責程度和考核方式。管理者可以透過職務說明書，了解該職位需要什麼類型的人才、有哪些條件要求。但要注意，其中可能存在教條式、脫離實際情況的敘述，只能作為參考。

其次，多到基層走動，了解實際的工作情形。必要時可以安排一至三天，到工作現場親自體驗，以便在匹配人才和職位時更精準。

◆了解每個員工的優勢和劣勢

管理者應當了解員工的優勢和劣勢，才能揚長避短，把每個人的潛能發揮出來。這可以從兩個方面著手。

一是從履歷和面試獲取資訊。從履歷可以直接看出員工的優勢和劣勢，但是履歷不一定完全真實，因此在選拔人才時，管理者要就工作內容、職務權責等，對求職者進行提問，判斷他們能不能勝任。

二是在實際工作中觀察表現。管理者要觀察員工的工作情況，了解他們在哪些方面有優勢、在哪些方面有不足，然後根據觀察結果調整職務，幫員工找到適合自己做的事情。

在管理團隊的這些年，我一直致力於了解員工，讓他們找到適合自己的位置，做適合自己的工作。我發現，當員工在合適的職位上取得成就，就會更有動力，自動自發完成任務，甚至創造驚人的業績。

採行「二審終結」原則，讓成員勇敢表達不同意見

我曾經以為，只有領導者能夠大聲說話，員工只要聽令服從，但是當我開始帶領團隊，觀念就改變了。我認為，應該讓團隊的每個人都大聲說話，表達自己的意見，因此我始終奉行「二審終結」原則。

二審終結是指初步制定決策後，還有第二次討論的機會。一旦通過二審，團隊就要統一目標，盡力落實執行。

偶爾決策失誤，對企業的影響並不大，最可怕的是高層主管不知道決策錯誤，或是不知道部屬執行不力。當決策有誤，可以及時調整方向，但是當員工反對決策、不願意執行，再好的決策也無濟於事。所以，二審終結對提升團隊的執行力至關重要。

無論投訴或建議，都要重視員工的想法

美國連鎖企業沃爾瑪的創始人山姆．沃爾頓，在創業之初就為公司制定一條座右銘：「尊重每一個員工。」沃爾頓非常樂意與員工對談，他推行開放式管理，鼓勵員工提出問題、發表觀點，讓每位員工都能走進管理者的辦公室，發表任何意見。

沃爾瑪之所以成功，極大部分要歸功於重視員工的想法。管理者要鼓勵員工發表意見，允許他們提出異議。我在管理工作中，凡是遇到要做決策的事情，都會在第一時間召集團隊展開討論，鼓勵每個人表達觀點，無論正確與否。

員工提出的投訴或建議，都能為團隊帶來助益。我在帶領團隊的那幾年，每週都能收到大約五封來自員工的郵件，一開始多半是投訴，後來慢慢有人提出建議。這個轉變讓我非常高興，因為員工能提出建議，說明他們希望公司朝更好的方向發展。

在鼓勵員工表達意見時，要遵循正確的方法和管道。管理學有「HRBP」一詞，全稱是Human Resource Business Partner，即「人力資源業務夥伴」，他們是企業分配到各個業務或事業部的人資專業人員，主要任務是協助各單位主管做好員工發展、人才發掘及能力培養等工作。

阿里鐵軍一直在執行HRBP制度，目的是讓管理者參與員工的工作，聆聽員工的心聲，並幫助他們解決問題。

可以自由發表意見，但不應該無的放矢

讓每個員工都大聲說話，目的是讓他們隨時表達心聲，對公司和團隊產生歸屬感。然而，這不是允許員工胡亂說話，管理者要注意以下兩點。

◆創造正向溝通氛圍，讓員工坦然表達

管理者要營造輕鬆的溝通氛圍，讓員工誠實表達。如果你用嚴肅的語氣說：「我倒是要聽聽你的意見」、「你不同意，那你來說說看」，這些話看似徵求意見，其實態度蠻橫無理，很可能讓員工為了應付你，而瞎編胡謅或直接認同你的意見。如此一來，你無法了解員工真正的想法，制定的決策很難有效執行。

◆不能在公開場合詆毀上司或其他同事

員工可以大聲說話，但公司不允許任何人，在公開場合詆毀管理者或其他同事，因為沒有人知道你的話有多少真實性。如果你說的是假話，就等於造謠。如果你說的是真話，在公司傳播他人是非，只會影響團隊和諧。

在法律上，當事人被法院判罪之前，即便證據確鑿，也只能被視為嫌疑人。因此，如果發現同事或主管犯錯，最好的解決方式不是公開詆毀，而是交給他們的上司處理，或是到開放的意見郵箱投訴。如此一來，可以保證投訴人與被投訴人都得到公平的待遇。

鐵軍養成術

☑有效管理的先決條件是有效決策，為了確保決策能夠解決問題，管理者要讓員工參與決策過程，做好詳細的執行計畫，並根據實際狀況調整方案。

☑交辦任務時，除了告訴員工「要做什麼」，還要告訴他們「為什麼做」，讓員工理解任務的重要性，進而拿出最佳表現。

☑唯有激發每個團隊成員的工作動力，才能讓團隊得到最好的發展。因此，管理者要滿足員工的需求，並賦予工作意義。

☑在選拔人才時，除了看能力，更要評估執行力和生產力，以便將恰當的人放在最恰當的位置上。

☑要重視員工的想法，在制定決策後，給員工提出反對意見的機會。

NOTE / / /

勇敢和必勝的信念常使戰鬥得以勝利結束。

——德國哲學家 恩格斯

Chapter

3

如何增強部屬求勝意志？掌握 6 關鍵把散沙變戰隊

【追夢】將管理者個人夢想，轉化為團隊共同夢想

二〇一四年一月七日，我加入去哪兒網，出任甫成立的目的地服務事業部總經理。剛進業務這行時，「成為優秀業務，有所成就」的夢想驅使我不斷前進。成為業務主管後，帶領不到十人的小團隊，我依然抱持同一個夢想，希望用付出與努力換得團隊業績。

然而，當我晉升事業部總經理，帶領上千人的業務團隊時，我發現：只有我一個人抱有夢想，是遠遠不夠的。我不能再像管理小團隊時親力親為，而是要用我的夢想帶動部屬展開行動。

於是我開始思考：「如何才能用自己的夢想，去點燃上千人的夢想？如何才能將自己的夢想，變成團隊共同的夢想？」為了實現這個目標，我在進入去哪兒網的第一天，就把自己的「必勝」理念傳遞給團隊。

到職的當天恰好是公司年會，我身為目的地服務事業部總經理，被邀請上台發言。站

上台後，大家的反應不是很熱情，但是我並未在意，畢竟對他們而言，我是一個陌生的面孔。

我舉起麥克風，第一句話不是自我介紹，而是直接高喊：「必勝！」我連續喊了將近三分鐘，喊到喉嚨都沙啞了。意外的是，台下有很多人舉起手，跟著我一起呼喊「必勝」，還有不少業務精英主動要求加入我的團隊。這讓我感受到，「必勝」已經成為大家的共同夢想。

後來，在這個夢想的驅動下，我們取得意想不到的成績。二〇一五年九月，我的團隊簽下大約十萬家飯店，於是我成為去哪兒網的集團執行副總裁。同年十月，我的團隊已簽下超過二十八萬家飯店，這個數字相當於在一年之內，完成競爭對手十年的業績。此外，我的業務團隊不斷壯大，人數上升到三千人，占去哪兒網員工總數的三分之一。這些成績都表明，我不但將個人夢想變成團隊夢想，更成功實現團隊的夢想。

回到前面的問題，「該如何將個人的夢想，變成團隊共同的夢想？」**你要做的不是將自己的夢想強制加到員工身上，而是要設法讓自己的方向、團隊的方向及公司的方向都保持一致。**我把這件事分成三個階段。

階段1：把公司方向變成你的方向

《孫子兵法．謀攻》中有一句話：「上下同欲者勝。」在一個軍隊中，唯有全體士兵和將軍的目標一致，才可能取得勝利。同樣地，在一個公司裡，「將軍」就是老闆，唯有全體員工和老闆的目標一致，才可能促進公司發展，同時讓員工獲得提升。

換句話說，**只有把公司的方向變成管理者的方向，與老闆的目標保持一致，達成共識，才能讓管理者發揮強大的行動力，去實現個人夢想。**

為了與老闆的目標保持一致、達成共識，管理者要做到下列三點。

- 明確界定目標。
- 確定要完成的目標與大趨勢之間的關係。
- 向上溝通，至少花半個小時商談，確保你清楚知道為什麼這麼做、要做到什麼程度、需要哪些資源。

以上三點幫助你更完整理解老闆的想法，進而與老闆達成共識。當自己的方向與公司的方向保持一致，你才能帶領團隊前往正確的目標，為公司創造更高的效益。

階段 2：把你的方向變成員工目標

稻盛和夫曾說：「企業經營要統一方向，形成團隊凝聚力。」把你的方向變成員工的目標，其實就是在形成團隊凝聚力。這好比一支足球隊，隊員的目標都是將球踢進敵方的球門，並守住自家的球門，大家為此努力、互相配合。

為了將個人夢想變成團隊夢想，將自己的方向變成員工的目標，管理者要清楚傳遞自身想法，讓員工明白努力的方向。此外，還要**將目標拆解成可以操作的小任務，讓員工去執行。**

我知道有位業務經理這樣拆解目標：老闆交給他的任務是一個月內完成三千萬元業績。他手下有六名業務員，分別負責六個區域，於是，他將三千萬元的目標平均分給每個部屬，也就是每人要完成五百萬元業績。

然而，有兩個區域的業務員因為能力較弱，加上區域市場環境不理想，平時每個月的業績只有兩百萬元上下。對他們來說，根本不可能在一個月內完成五百萬元。另外，有兩個區域的業務員能力很強，加上區域市場環境比較好，因此平時每個月的業績都在五百萬元上下。他們覺得這次的任務實在太輕鬆，根本毋需多費力氣。

到了月底，團隊的整體業績只有兩千五百萬元，離既定目標還不足五百萬元。這位業務經理思來想去，都不知道問題出在哪裡。在他看來，平均拆分目標非常合理，團隊的每個人都應該為了完成目標，而更加努力工作。但是他沒考慮到，員工的能力不同，區域的客戶數量及市場行情也不同，這些都是影響員工能否達標的關鍵。

事實上，目標拆解應該遵循三個步驟。

一是向部屬明確說明團隊目標。假設團隊的業績目標是三千萬元，主管在開會時就要解釋，為什麼要訂下這個數字。

二是與部屬一起討論如何實現目標。不要在制定目標後直接著手拆解，而是要聆聽部屬的意見。例如，部屬回報在北區最多只能達成兩百萬元，但是在南區可以衝刺到一千萬元。這些資訊對拆解目標非常有用。

三是拆解目標，並達成一致意見。根據大家的意見，結合員工的個人能力與市場行情，拆分目標並達成共識。

最後還要注意一個原則：目標要拆分成不能再拆分的最小任務，並且一定要具體可以執行。任務越具體，越容易操作，更利於實現目標。比如說，北區業務員若想完成兩百萬元業績，必須成交二十名客戶，而且每位客戶的業務額要達到十萬元。假設他的平均成交率是一〇%，若想成交二十名客戶，當月至少要拜訪兩百名客戶，每個工作日至少要拜訪十名客戶。

階段3：學會傳遞你的夢想

稻盛和夫在《京瓷哲學：人生與經營的原點》中提到：「在我看來，為了轉變員工的思想，讓他們理解我的理念，花一個小時也好、兩個小時也好，我都在所不惜。」

稻盛和夫相當重視自己的想法能否被員工理解，因為這關係到員工能不能有效地執行任務。當員工理解管理者的想法，會把管理者的方向當作自己的目標。相反地，如果員工不理解管理者的想法，大家的方向就會不一致，無法達成管理者想要的成果。

讓員工理解你的想法，實際上就是傳遞你的夢想。管理者的夢想唯有傳遞給員工，才能變成團隊的共同夢想。但是，傳遞夢想不是單純告訴員工而已，需要掌握以下技巧。

首先，要做到傳遞夢想的兩種境界。其一是「打動自己，才能打動別人」，也就是說，你自己必須先堅信夢想，團隊才能夠堅信。其二是「傳遞夢想是一種責任」，當你堅定別人的信念，就是在堅定自己的信念。

其次，要讓夢想展現三種意義。包括對客戶的意義、對團隊發展的意義，以及對員工的意義。將這些意義賦予到夢想當中，員工才會有動力去實現夢想。

最後，要活用傳遞夢想的方法。例如：帶領員工想像成功的美好、表彰優秀員工樹立模範、借力借勢讓老闆幫你傳遞夢想，以及讓員工參與制定目標，親身體驗夢想。此外，傳遞夢想時還要因材施教，對不同員工用不同的方式，才能讓每個人都樂意接受。

當我身為員工，我只要堅信自己的夢想，一個人往前走，那時候我走得很快。當我成為管理者，我開始把個人夢想灌注到團隊夢想中，帶一群人一起往前走。這時候，雖然沒有以前走得快，但是我們走得更遠，走向我期待的未來。

【考核績效】依循4項原則制定KPI，讓目標具體可行

KPI（Key Performance Indicator）即「關鍵績效指標」，是衡量一個團隊或企業工作成效的量化工具，透過在大目標底下建立各種關鍵小目標，作為績效考核的指標。

從前我以為KPI是一個考核標準，是一個數字。在我成為管理者，真正開始主導KPI的設置之後，我才真正理解KPI的概念與意義。

透過制定團隊KPI，管理者能明確分配任務，部屬也能清楚知道自己負責的績效目標。不過，想藉由KPI達到這些目的，在制定時要遵循以下四個原則。

KPI不是公司目標，要拆解細分

一般而言，KPI是以企業的戰略目標為出發點，落實到執行過程中，再回到公司的

戰略目標檢視成果。在制定團隊ＫＰＩ時，不能直接把公司的ＫＰＩ套用到團隊身上，而是要拆解企業的戰略目標，細分成可以執行的小目標，再分配給每一個員工。

在實際的管理工作中，我們不難發現越是基層的員工，越難與企業或部門的目標保持連結。很多時候，他們只知道完成眼前任務，看不見大方向，不知道手上的工作對團隊與企業有什麼影響，因此很難取得突破性進展。

為了避免這種情況，要學會拆解公司的ＫＰＩ。通常，上司會將部門級別的ＫＰＩ分配給你，你要接下去將部門級別的ＫＰＩ，拆解成職務級別的ＫＰＩ，然後分配給每一個部屬。針對這項工作，我有以下三點建議。

一是找出關鍵成果。根據團隊想要的關鍵成果，拆解出來的職務級別ＫＰＩ，會更加精準具體。

二是掌握核心的成功因素。假設影響團隊成敗的因素是客戶滿意度，那麼在拆解職務級別的ＫＰＩ時，就要制定「提高客戶滿意度」這個目標。

三是讓績效目標更具體。管理者可以將ＫＰＩ分解成行為指標、過程指標或是原因指標，並逐一拆解，分配給每一個員工。這有助於管理執行過程，讓每個關鍵小目標之間有所連結，使團隊更有凝聚力。

KPI不只看數字，也要看工作態度

KPI通常可以量化，可以具體衡量，例如：業務員每個月的KPI是開發十名新客戶。但是，一昧以業績論英雄，會限制企業的發展，因為現在不是單打獨鬥就能取得勝利的時代。當今的團隊發展需要不同類型的人才密切配合，所以，管理者不但要關注員工業績，還要關注他們的工作態度，制定「工作態度指標」。

工作態度指標主要以企業的核心價值觀為出發點，是比較抽象的概念，很難被量化，於是很多企業放棄考核。然而，工作態度是員工能否創造更高價值的關鍵，除了客觀量化的KPI，也應設置考核工作態度的主觀指標，並在設置上注意以下五點。

1. 讓全體成員充分了解團隊的工作態度指標，以及其重要性。
2. 要確立工作態度指標的標準。
3. 重要的六個工作態度指標包括了客戶意識、溝通協作、嚴格認真、學習創新、主動高效、責任擔當。
4. 以「二八原則」設定考核的權重：在實際考核中，KPI占八〇%，工作態度指標占二〇%。

5. 工作態度指標要與KPI和獎金做連結。

良好態度是做好任何工作的前提。優秀的團隊管理者都懂得，在考核績效時納入工作態度指標，藉此全面規範員工行為，激勵員工以更高效的方式工作。

KPI不是越多越好，而是要關鍵

不少管理者在制定KPI時，把影響團隊成功的每一項因素都涵蓋進去。這種不分輕重緩急的方式，顯然會降低績效管理的效率。事實上，績效指標並不是越多越好，而是要找出較關鍵、影響較大的項目。

績效指標的重點不在數量，而在品質。對每件事情都做考核，不僅增加管理者的工作量，也增加員工的壓力。若有一項指標對績效影響不大，管理者卻要花費一樣的時間成本做考核，顯然是沒有效率的管理方式。

KPI的目的是激勵，不是懲罰

不少管理者把KPI當成懲罰員工的工具。舉例來說，正常情況下，員工一個月最多能開發六名關鍵客戶，管理者卻要求他們開發十名，若沒有達成指標，就罰款一千元。長此以往，員工一定會喪失工作動力。

其實，制定KPI的根本目的是激勵員工，讓他們為了實現目標、拿到獎勵而努力。管理者應當將KPI當成激勵員工的工具，例如：一個月能開發六名關鍵客戶，就獎勵五百元，而開發出十名關鍵客戶，則獎勵兩千元。

事實證明，「獎勵為主，懲罰為輔」的績效管理方式更有用。在為團隊制定KPI時，我始終堅持一點：希望部屬完成任務，拿到績效獎金。因為唯有如此，部屬才會更加努力，為團隊做出更大更多的貢獻。

【當教練】帶領團隊執行計畫時，該注意哪些重點？

計畫若不能落實執行，就沒有意義。所以，在確認目標、制定計畫後，管理者的下一步是帶領團隊落實計畫。不過，在此之前要先做兩件事。

首先，再次與員工一起確認目標。在落實計畫前，要召開一次團隊會議，讓員工針對該計畫提出意見，一起討論並共同確認目標。

有人認為這個步驟並不必要，因為制定計畫前已經確認目標。但我建議，如果時間許可，最好進行這一步驟，藉此讓團隊成員進一步認同目標，激發員工實現目標的鬥志。

其次，確認任務或專案的關鍵節點。實施大型計畫時，可能遇到產品品質、客戶關係、專案進度等諸多問題，這通常是因為在執行前沒有事先確認關鍵節點。

關鍵節點是一項任務或專案中最關鍵的工作，需要團隊投入最多時間與精力。舉例來說，假設團隊目標是簽下一家飯店，關鍵節點會是洽談合作方案、確定合作事宜、對接管道等。當關鍵節點越詳細，任務或專案越能順利推進。

做好上述兩件事情後，就可以開始落實計畫。這時候，許多管理者會自行分配任務，然後只關注結果，鮮少在乎過程。相信不少人都聽過上司這樣說：「不管你用什麼方式，我只看結果，不問過程。」這些管理者制訂計畫後就撒手不管，直到規定的完成日期才過問成果。

這是以結果為導向的管理方式，能促進目標快速達成，但缺點是，如果管理者忽略過程，可能導致員工缺乏執行力，或是發生問題卻未及時解決，最終難以達成目標。

舉例來說，假設員工努力執行計畫，但因為客觀問題，導致目標沒有達成。如果管理者只看最終結果，無疑會讓員工感覺不公平。如果管理者能關注過程，在客觀問題出現時及時給予幫助，最終結果就可能不一樣。

在落實計畫時，管理者不僅要關注結果，更要關注過程。具體來說，優秀的管理者會做到以下四個重點。

重點1：根據目標展開實際行動

確定最終目標後，管理者要帶領員工積極行動，有效率地落實計畫。

我的團隊在二〇一四年二月組成，同年五月制定簽約五萬家飯店的目標。對於執行這項計畫，我非常有信心。我召集團隊成員一起討論，讓他們自由提供意見，並確認這項任務的關鍵節點：開發新區域，尋找更多可以合作的飯店，和它們簽約。

接下來，我根據團隊成員的優勢，將他們分成A、B兩個小組。A小組的市場敏感度較強，因此安排他們尋找新市場，開發新區域。B小組的業務能力較優，擅長洞察客戶心理，更利於成功簽約，因此安排他們洽談合作事宜。

完成任務分配後，我要求：兩個小組必須密切配合，當A小組發現可以開發的飯店，收集資訊、評估並確認適合合作後，要將相關資訊及時轉達給B小組，由他們負責與飯店方洽談。在這般密切配合下，團隊最終達成簽約五萬家飯店的目標。

這次計畫的成功，一部分要歸功於員工參與討論，了解此次任務的關鍵節點。當員工認識到這項工作的重要性，以及自己的角色，就會自動自發地落實計畫、實現目標。

重點2：關注結果，也關注過程

關注執行計畫的過程，有助於及時幫助員工發現並解決問題。舉例來說，員工在執行某項專案時總是面露難色、情緒不安、遲遲不彙報工作進展，這說明他肯定遇到了難題。這時候，管理者要及時了解狀況並提供幫助。

試想一下，如果管理者只看重結果，會是什麼情形？員工將很難解決遭遇的困難，因而承受巨大壓力，令他難以專注投入工作。

所以我不斷強調，團隊計畫順利落實的關鍵，是管理者關注員工工作的過程。在實際的管理工作中，我經常到員工辦公區走動，或是讓員工定期向我彙報，藉此掌握他們的工作情況，並提供適時的幫助。

重點3：將任務具體化、細節化

俗話說：「細節決定成敗。」管理者不僅要著眼大局，更要掌握關鍵細節，因為很多時候往往是細節阻礙整體計畫的推進。在員工執行任務時，要時刻關注具體的工作內容、措施、方法以及步驟。事實上，在一開始安排工作時，管理者就要將任務具體化、細節化，以免推動計畫時出現紕漏。

首先，將計畫分解成可執行的具體任務。舉例來說，團隊計畫是每個月簽約六萬家飯店，可以這樣分解任務：假設鎖定A、B、C、D四個區域，按區域的人流量、市場行情及飯店數量估計，A區域應簽約兩萬家、B區域一萬家、C區域兩萬家、D區域一萬家。接著，根據員工的能力分配區域，能力強的員工負責A、C區域，能力一般的員工負責B、D區域。

然後，列出任務的細節要點。將任務分配給員工時，應強調執行過程中要特別注意的事項。例如：會見客戶時不能遲到、客戶提出質疑時不要立即反駁。要根據計畫的性質與內容，制定具體細節和注意事項。唯有將每件任務細節化、具體化，才能確保計畫順利實施且全面落實。

重點4：適當下放權力給員工

下放權力不是讓員工隨心所欲，而是要訂出適當的權力範圍。舉例來說，管理者可以訂定一個價格範圍，例如一千元的浮動空間，讓業務員跟客戶洽談時，可以根據實際情況斟酌決定。這就是適當的權力下放。

下放權力是授予員工處理基本事務的權力。權力越大，要承擔的責任就越大，因此**在下放權力前，管理者要評估員工能否承擔責任與後果**。一旦權力下放過度，管理者和員工都難以承擔責任與後果，企業就可能承受損失。

下放的權力大小要根據具體任務來訂定。管理者在安排任務時，應大致判斷員工需要獲得哪些授權，以及需要多大的權力。這是下放權力的最佳時機，不僅能掌握下放權力的適度原則，還能有效激勵員工完成工作。

此外，管理者要選擇合適的人下放權力。這個人必須具備高尚品德，以確保他的一言一行都是從團隊利益出發。下放權力給這樣的員工，不僅能為團隊帶來效益，還能為其他員工樹立榜樣。而且，這個人要有能力、有擔當、有責任心，否則即便下放權力，也無助於任務完成的品質。

只有人品、能力兼備，才是團隊真正的人才，管理者才能把權力交給他，幫助他更妥善地完成任務。

【溝通】以高能量語言和肢體動作，喚醒贏的本能

德國著名詩人海因里希・海涅在著作《法蘭西現狀》中說：「言語之力，大到可以從墳墓中喚醒死人，可以把生者活埋，把侏儒變成巨無霸，把巨無霸徹底打垮。」可見語言力量之強大。

很多人無論在學習、生活或工作中，都想贏過別人，但也有很多人的這種本能沉睡了。相較於教會員工工作方法，我覺得更重要的是喚醒員工求勝的本能。我經常發表演講，每回站在台上述說目標與夢想，台下員工都會跟著我熱情高漲。那一刻，我喚醒了他們求勝的本能。

很多偉大的演說家會運用高能量的激勵語言感染聽眾，這種語言又稱為教練的語言，也就是在說話時注入情感，並使用有說服力、激勵性的詞語和表達方式。其實，這不難做到，你可以從兩個方面著手。

選擇特定用語與表達方式

演講時，只要改變特定用語，就會得到極為不同的表達效果。為了激發員工的熱情，管理者要學會選擇特定用語的技巧。以下透過幾組詞語的對比來說明。

「你」對比「我、我們」。「你」這個字眼，很容易讓聽者誤認為說話者在指責或批判，例如：「你必須努力做好這件事」，似乎意指員工之前沒有努力。這樣的用語很難發揮激勵作用。

建議管理者將「你」轉換成「我、我們」。「我」這個字眼，表示說話者可以對自己的話負責，增強說服力，例如：「我相信大家可以做到。」「我們」這個詞，可以將說話者與聽者框在一起，增強集體榮譽感。

對員工來說，具有包容性、柔和的言詞，比帶有指責或偏見的言詞更能激勵人。所以，不論是演講或平時的溝通，我都多用「我、我們」，少用「你」。

「應該」對比「可以」。「你應該怎樣」與「你可以怎樣」只有兩字之差，給聽者的感覺卻是天壤之別。「應該」這個詞，暗示一種居高臨下或控制的態度，容易引發聽者的抗拒心理。「可以」則是一種提議，尊重聽者的選擇，更容易讓人聽取建議並拿出行動。

「嘗試」對比「將要」。不少管理者在鼓勵團隊時，會說：「你們要相信自己，嘗試去做做看。」這麼說並沒有錯，但是「嘗試」這個詞暗示有五〇%失敗的可能性，讓員工有路可退，激勵效果大打折扣。「將要」則是暗示承諾和責任，例如：「我們將要達成這個目標」，這句話的激勵效果顯然更大。

「總是、從不」對比「有時候」。「總是、從不」這類詞語，帶有很強的責備意味，令人感覺難受，例如：「你們做事總是拖拖拉拉。」如果換成「有時候」，語氣就會緩和很多，也能讓員工認同你。

「你錯了」對比「你要學習」。「你錯了」這句話，會打擊員工的積極性與自尊心。改說「你要學習」，一來讓員工認識自己的不足，二來讓員工感受到你的鼓勵，進而積極地修正行為。

運用高能量的激勵語言，關鍵在於選擇特定用語和表達方式，將「否定」轉變成「肯定」，讓員工感受到溫暖熱情，達到激發團隊潛能的目的。

搭配適當的肢體語言

很多時候，相較於有聲的言詞，無聲的肢體語言更能感染人心。因此，管理者演講或溝通時，要適度加上肢體語言。我在演說中常用的肢體語言有三種。

- **舉起緊握的拳頭**：拳頭代表力量，我會在說到關鍵字的時候緊握拳頭，來激發員工鬥志。
- **揮手**：手臂向前，手掌向上揮動。這個動作可以號召、鼓勵和呼籲員工。
- **鼓掌**：演說結束時，我會帶大家一起鼓掌，讓大家一起加油。

以上是我自己常用且效果不錯的肢體語言。管理者可以根據自己的習慣和風格，選擇適合的肢體動作。只要掌握正確方法，你也能成為激勵人心的演說家，用言語喚醒員工求勝的本能。

【引導】強迫無法帶來成長！用這2招讓人自動自發

喚醒團隊的求勝本能之後，還要確保求勝的激情與動力可以持續。要注意的是，在維持團隊求勝的狀態時，不要強迫員工按照你的想法做事，而是要引導他們主動行動。

引導員工最好的方式是「隱喻」，就是把想要表達的內容，與某個已具備意義的事物連結起來，讓人迅速理解並加深印象。例如：這裡是一片花海（以「海洋」隱喻「花朵」）。

簡單地說，隱喻就是換一種方式引導員工，讓員工深刻認清一件事，進而積極採取行動。我發現，比起直接告訴員工該怎麼做，用隱喻的方式更能激勵並引導他們。這其實合乎人的本性：大部分的人不願意被管理，只願意自己管理自己，只服從自己的意願。

那麼，如何用隱喻的方式引導員工保持求勝狀態呢？以下提供兩種方法。

用目標與計畫引導，推員工更進一步

幫助員工確立具體的目標與計畫，再用員工自己訂立的方向，引導他們持續求勝。這件事包含兩個步驟。

◆步驟1：評估員工的發展階段

評估時要參考兩個因素：一是工作能力，二是工作意願。工作能力是指員工在某項任務中表現出來，與任務相關且可以轉移的知識技能，你可以從員工平時的業績和處事方法做判斷。

工作意願是指員工對某項任務的積極性與自信心，簡單來說就是工作態度。你可以從員工平時的言談舉止做判斷，包括：面部表情、活力，以及專注度。

依據員工的工作能力和工作意願，可以將員工的發展階段分為四個層次。

- 第一層次：工作能力低，工作意願低。
- 第二層次：工作能力一般，工作意願高。

- 第三層次：工作能力較強，但工作意願不高。
- 第四層次：工作能力強，工作意願也強。

這四個層次是循序漸進的過程。對團隊管理者而言，了解員工當前所處的發展階段，才能知道該用什麼方法，引導他們持續求勝。

◆步驟2：根據發展階段，帶員工制定目標與計畫

接下來，管理者要引導員工朝正確的方向積極工作，也就是結合員工的發展階段與個人情況，帶領他們制定下一階段的目標與計畫。

明確的目標與計畫像一隻隱形的手，在員工背後推著他們向前走。我想到一個例子，有位業務已經在我的團隊工作兩年，他的能力很強，每個月都超額完成業績。從發展階段來看，他屬於第四個層次，即工作能力強，工作意願也強。對於這類員工，我不只要讓他完成任務、創造業績，還要幫助他制定更高的目標與計畫，引導他自我突破。

因此，我主動找他面談，問他：「你對自己的未來有什麼規畫？你希望三年後的自己處在什麼位置？你希望三年後的收入如何？」經過這次談話，他確立自己在未來三年的職

業目標和收入目標。在新目標的激勵下，他更加努力工作，繼續保持求勝的狀態。

具體清晰的目標與計畫，可以讓員工自動自發地採取行動。這種引導方式，遠比「你必須完成這項任務」的命令，更能激勵員工。

用提問引導，讓員工自己找答案

大多數管理者在員工遇到問題、尋求幫助時，會直接否定員工的方法，然後給出自己的答案。然而，管理者會發現，在給出建議或具體方案時，員工總會打斷他們，想要表達不同意見。而且，即便員工最後認可管理者的想法，也按照建議去做，但是往後遇到類似問題時，還是一樣做不好。

強制要求員工用管理者的方式解決問題、完成任務，這種方式並不可取。這無關管理者解決方式的好壞，而是人對於強加給自己的意見，都會產生強烈的抗拒情緒。即便員工心裡清楚，他們對眼前的問題不知所措，仍不代表他們沒有想法，更不代表沒有能力解決問題。這種情況下，管理者可以採用提問的方式，引導員工說出想法，讓他們自己尋找問題的解答。

我的團隊有一名業務因為飯店硬體設備故障，而被顧客投訴。他不曉得該怎麼處理這件事，於是向我求助。我想先聽他的想法和解決方案，於是有了以下對話。

張強：「你對這個投訴有什麼想法？」

員工：「飯店設備的確有問題，是我們的錯，我們應該道歉。」

張強：「除了道歉，我們還要做什麼？客人的訴求是什麼？」（任何顧客投訴的背後都有需求，可能是為了發洩情緒，也可能是尋求補償。）

員工：「不清楚，我們已經道歉了，也把設備修好了，但客人還是不消氣。」

張強：「那說明他的訴求沒有得到滿足，你要再想想如何解決。」

員工：「這個客人比較精打細算，也許幫他的住宿費打折會更好。」

張強：「如果是這樣的客人，那麼你的提議就是對的。解決這個投訴後，你認為以後應該怎麼做，才能避免類似的問題出現？」

員工：「要跟合作的飯店方洽談，要求他們定期檢查、維修和更換設備，確保飯店設施不影響客人住宿，帶給客人更好的體驗。」

在我的提問下，員工一步步自己找到答案。如果我直接說：「你要道歉，要給客人賠償，要去跟飯店方協商」，員工很可能不會認同，更無法從這次的問題獲得成長。

因此，我不提倡直接給員工答案的做法，而是喜歡用提問引導員工思考，這可以激發員工的思維和潛能，也更容易被他們接受。

【挑戰極限】為了鼓舞士氣拚業績，我都是這樣說……

喚醒求勝本能、保持求勝狀態，最終目的都是為了實現勝利的目標。為此，管理者要懂得帶領團隊突破極限，讓團隊的夢想和激情永續長存。

二〇一〇年六月，也就是我接手嘉湖業務團隊的第三個月，我們面臨來自台州業務團隊的挑戰。過去，嘉湖團隊從未贏過台州團隊，客戶資料也沒有台州多。當年四月，台州團隊的業績是六百萬元，但嘉湖團隊只有兩百萬元。

面臨對手壓倒性的優勢，我沒有選擇放棄。為了扭轉乾坤，讓團隊獲得勝利，我的做法是幫助員工發現真實潛能，讓他們突破極限。

挑戰前：鼓勵員工挖掘自我潛能

最大的競爭對手不是別人，而是自己。為了讓員工發現自己的潛能，我鼓勵他們將自己當成挑戰對象。但是，這並非每個人都能做到，對大部分人來說，挑戰的最終目的是贏過對手，不是超越自己。尤其是競爭對手非常強大時，很多人會因為壓力而迷失方向。

事實上，決定輸贏的關鍵往往不是自己的能力，而是把誰當成對手。換句話說，永遠要將對手當成假的，輸永遠是輸給自己，贏也永遠是贏過自己。不要太過在意對手是誰，而是要先認識自己的潛能，知道自己當下最要緊的任務是什麼。

我將這個理念傳遞給團隊員工，到了二〇一〇年六月十七日，我們的團隊業績達到兩百萬元。雖然這個數字離勝利還有一大段距離，但是沒有人放棄，更沒有人忘記最初的目標。讓我倍感欣慰的是，所有團隊成員都在重整旗鼓，準備逆勢反擊。

那時候，大家不顧一切奮力向前衝，甚至一度忘記競爭對手、忘記這場挑戰，所有人的想法都是：我們要超越自己心中的極限。

挑戰中：引爆團隊的激情與鬥志

在取得一些成績後，大家並沒有驕傲，依然奮力追趕目標。為了激發眾人的鬥志，我發表演說。

偉大的嘉湖精英們：

阿里巴巴的「戰爭文化」完美詮釋了業務的精髓與哲學，現在我們面對的，是一場將在阿里巴巴供應商歷史上，永載史冊的戰爭！

什麼是「英雄」？英雄是在茫茫黑暗中，發出生命微光，帶領隊伍走向勝利的人。感謝每一位在昨天成功簽約的戰友，我們僅用半天，就創造出百萬元合約。這是一個奇跡，你們是嘉湖人民心目中真正的英雄！

接下來的十二天，是我們大肆揮灑激情與實力的時刻。讓我們一起用行動和成果，詮釋嘉湖王者歸來的精神。這場戰爭直到現在，才要進入真正的高潮，沒有人可以喊暫停或出現絲毫鬆懈。我們要麼迎著炮火向前衝，獲取勝利，要麼被對手轟成肉泥，別無選擇。

業務是讓人傾注所有情感和血性的戰場，若你聽不到這個戰場上的炮火聲、看不到戰場上浴血奮勇的戰友，若你已經不能全身全心為之瘋狂，那麼請你收拾行囊，因為這裡不需要弱者與懦夫。你站在這裡一天，就要當一天戰士。

國與國的競爭，如果只靠武器和兵力論勝負，就不會出現運籌帷幄的軍事家。企業與企業的競爭，如果只靠資金實力論勝負，就不會出現雄才大略的企業家。業務團隊之間的競爭，如果只靠客觀條件合理發展，就不會出現強勢逆轉、突破極限的結果。

偉大的戰役造就偉大的英雄，在最後十二天，偉大的英雄們，讓我們持續瘋狂，用鐵血意志和強悍行動，一起鑄就嘉湖之魂，鑄就一個將在阿里鐵軍歷史上，永載史冊的戰爭之魂！

這場演說點燃大家的激情，許多人在接下來的十二天內不眠不休。最後，我們追加九百萬元業績，其中有三天的單日簽約金額超過一百萬元，對嘉湖團隊來說，這無疑是一個奇蹟。

雖然業績相當不錯，但是直到二〇一〇年六月三十日的最後一刻，我們都沒有鬆懈。到了晚上，團隊還有十幾名成員在外浴血奮戰，做最後一搏。我們的最後一份合約是在六月三十日晚上十一點五十六分簽訂完成，當天創下將近八十萬元業績。

在一場偉大的業務戰役中，每個人都是決定勝負的英雄。我為了這場戰爭的勝利，感謝團隊中的每一個人，我也告訴員工要感謝自己，是他們突破極限，成功戰勝自己。有句話說：「實現真實的渴望，才算是到過天堂。」嘉湖團隊實現真正的渴望，因為共同的努力和協作而到達天堂。那一刻，我們真的贏得徹徹底底。

當然，如果那時輸了，我們也不會放棄。我曾反覆告訴團隊成員，要把輸贏看得淡一些，最關鍵的是個人成長，要把每一次勝利都看作禮物，把每一次失敗都看作未來前進的動力。

挑戰後：用回顧維持夢想與激情

取得勝利後，大家似乎鬆懈下來，於是我趁著熱情尚有餘溫，發表了一次回顧演說，目的是分析現狀，讓團隊保持夢想與激情。

兄弟們：

經歷六個月的大戰，嘉湖團隊贏得尊重和江湖地位，更重要的是，我們每個人都從這場大戰中感悟良多。我們彼此的心更加靠近，成為一個無堅不摧的整體，我們無愧於「偉大的嘉湖管理層」這個稱號。

或許你曾有過這種難以言喻的經歷，在激情過後感到巨大的空虛，一剎那間，所有的期待和恐懼都消失了。在偉大的計畫之後，我們陷入迷茫與不知所措，就好像產婦身體突然變空，發生了產後憂鬱症。

六月大戰後，我們看到很多區域主管休假，也看到很多區域主管雖然上班，卻呈現「半休眠」狀態，對員工的消極怠工與迷茫沒有任何作為。

我們以為大戰之後需要大休息，我們感謝自己與員工的辛勤付出，讓心情和身體放個假，這些都在情理之中，但我始終認為，這並不是阿里鐵軍的戰爭哲學。戰爭就像健身，是一種殺死癌細胞、激發良性細胞的過程，能讓我們的內心充滿力量與激情。

只有戰場能讓一個人成為將軍，也只有勝利落幕後的淡定、繁華喧囂下的從容，才能成就將軍的高貴品格。這樣的將軍才會無往不勝、天下無敵。因此，在大戰過後，我們更需要的是沉澱和抓緊機會。

當然，我非常開心看到嘉湖管理團隊的成熟。我希望大家能打起精神，你們要知道，「領導者是孤獨的」，這不是說我們要形單影隻、孤立無援，而是說我們要有更強的前瞻性，和更高的思維能力！

對個人而言，想實現勝利的目標，得靠自己不斷努力。透過這次帶領嘉湖團隊大戰台州團隊的經歷，我明白了對團隊而言，想實現勝利的目標，必須激發部屬的鬥志，讓他們挑戰自己、突破極限，最後還要設法讓他們保持夢想和激情。唯有如此，團隊才得以持續發展。

鐵軍養成術

☑要將公司目標、管理者目標及員工目標，全部都對齊，才能帶領團隊同心協力，達成必勝的夢想。

☑制定團隊KPI，有助於明確分配任務，也讓員工清楚自己負責什麼工作、擔任什麼角色。

☑管理者不要在制定計畫後，就採取放任態度，而是要當團隊的教練，帶領大家展開行動。

☑發表激勵演說時，選用正向言詞，並配合肢體語言，最能發揮鼓舞效果。

☑不要強迫員工用管理者的方式做事，而是要用建立目標或提問的方式，引導員工尋找方向和解答。

☑面對艱鉅的挑戰時，不要在乎對手是誰，重點是自己有沒有獲得成長。

人永遠不要忘記自己第一天的夢想，你的夢想是世界上最偉大的事情，就是幫助別人成功。

——馬雲

Chapter

4

如何為團隊儲備優秀人才？活用 5 技巧栽培部屬

【成就員工】提升部屬的權限和賺錢本領，最能激發潛力

二〇一六年，移動互聯網的C端（即個人用戶）時代逐漸接近尾聲。隨著騰訊提出產業互聯網，阿里巴巴提出新製造、新零售等概念，互聯網技術對各行業產業鏈的深度改造，已被視為未來二十年互聯網的發展起點。在這個背景下，攜程戰略投資的旅悅集團，成為旅遊飯店業深度改造的先鋒，而我有幸成為旅悅集團的CEO。

夢想再偉大，都需要由人一斧一鑿完成。我身為集團公司CEO，深知員工對企業發展的重要性。員工是公司最重要的資產，唯有讓員工增值，公司資產才會不斷壯大，管理者的個人價值才得以實現。

因此，我經常問自己兩個問題：「員工跟著我，是增值了，還是貶值了？」「員工只是完成任務，還是不斷成長？」**我也不斷告訴自己：「我的任務是幫助員工增值，讓他們不斷獲得成長，而不是監督他們按部就班完成任務而已。」**我始終把員工的成長，當作我

自己的責任。

凱賓斯基是全球最古老的豪華飯店，非常重視員工成長。凱賓斯基的一位區域經理曾說：「員工是我們最大的資產。十幾年前，我們員工的平均年齡是二十歲，現在的平均年齡是三十歲。根據內部資料顯示，凱賓斯基的員工有八〇%在職超過十年。**在很多飯店為人員流動率煩惱的時候，凱賓斯基的經理都在想方設法幫助員工晉升。**」

為了培養員工的忠誠度和創造力，他們不只給高薪，更為員工制定個人化的「培訓護照」。員工到職第一天，人事部就會分發培訓護照，每一年公司都會根據員工需求，提供制式化與個人化的培訓。培訓涉及的知識層面非常廣泛，有英語口語、化妝、糾紛處理等等。凱賓斯基的經理曾說：「有了這本護照，員工無論走到哪裡都一定是優勝者。」

凱賓斯基的成功離不開對員工的培養。當員工不斷增值，能力越來越強，就會為企業創造更大價值，成為企業的核心競爭力。因此，團隊管理者要以員工為核心，不斷幫助員工成長增值。唯有成就員工，才能成就自己，最終成就團隊與企業。

4件事幫員工增值，壯大公司資產

幫助員工增值，換句話說是讓員工具有賺錢的能力，也就是「賦能」。字面上來看，賦能就是賦予他人能力或能量。這個詞來自心理學，意思是協助他人挖掘並強化自身擁有的能力，在生活中獲得力量。在管理學中，賦能是指管理者賦予員工一定的權力，以充分發揮員工潛能。

賦能可以滿足員工的自我實現需求。在賦能的過程中，員工獲得能量，然後在工作中轉化為價值，也就是企業的產出。因此，管理者實在不必對員工過於吝嗇。

在實際的管理工作中，要如何對員工賦能呢？我歸納出以下四點建議。

賦予員工更多參與決策的能力。管理者在做決策時，可以讓團隊成員參與，讓他們發表意見。這不僅幫助管理者做出更準確的決策，還能有效提升員工的決策能力。

給員工小部分權力。在合適的範圍內，賦予員工一定的掌控權和支配權，讓他們更積極地處理任務。舉例來說，員工在處理客訴問題時，若有把握，可以按照自己的方式處理，不需要層層上報。

提供個人化員工培訓。為了提升員工的賺錢能力，無疑要加強他們的專業知識與技能。管理者要評估員工的優勢和劣勢，以提供相應的培訓。

激發員工的鬥志和潛能。真正能激發員工積極性與潛能的事情不是薪資，而是合理的獎勵制度，例如在員工表現優秀時，給予獎金或晉升。這種實實在在的獎勵能展現公司誠意，更能發揮激勵效果。

讓員工具備賺錢的能力，雖不是管理的最終目標，卻是管理者的核心工作。一旦員工具備賺錢能力，便會自動自發完成任務，而且不斷自我突破，以拿到自己期望的薪酬。這時候，管理工作就變成輕鬆簡單的事。

【成就自己】主管也得成長，要把握帶領團隊的4個時機

地位越高，責任越大，壓力也就越大。在此同時，那些責任和壓力也是自我成長的機會。我成為旅悅集團CEO之後，越來越清楚管理者必須不斷成長，才能帶領團隊走得更穩更遠。

因此，在帶團隊的過程中，我一方面強調員工成長，幫助員工增值，另一方面不斷激勵自己，要在管理工作中努力學習，讓自己成長得更好更快。根據這幾年帶團隊的經驗，我認為有四個時機，是管理者最需要也最能夠自我成長的機會。

時機1：創建新團隊的時候

俗話說：「新官上任三把火。」創建新團隊是管理者展現能力的機會，更是提升自

我的時機。這時候，管理者要學會「聞味道」，意思是聞自己的味道，了解自己的工作性格，才能選擇適合自己團隊的業務人才。想要順利創建團隊，管理者要做到兩點。

一是事必躬親。在創建新團隊的過程中，管理者要親自面試與培訓新人。這一方面有利於選擇與自己味道相似的人，另一方面有利於管理者的自我成長。許多業務主管是因為業績突出而被提拔，他們具備很強的業務能力，但是缺乏團隊管理能力。雖然可以從培訓、閱讀來提升管理能力，卻遠不如親自歷練來得扎實。

二是容人。創建新團隊時，選用與自己的味道相似的人很重要，但是不容易做到。因此，管理者要有容人之心，對於味道不同、在面試時判斷失誤而聘用的另類人才，一定不能冷眼相待或是找藉口開除。

對於新創建的團隊來說，沒什麼比穩定更重要。為了團隊和諧，你可以透過建立制度、培養團隊文化來影響成員，讓團隊的整體味道慢慢相容。

時機2：接手老團隊的時候

老團隊是已成立多年的團隊，成員大多已有工作經驗，有些人在公司的年資說不定比管理者還要長。很多人在接手這種老團隊時，會擔心做不好管理工作。

相較於新創建的團隊，老團隊確實比較難管理，最大挑戰是他們已形成自己的味道。管理者身為空降部隊，味道是否與他們一致，決定了會不會被接納、是否被信服、能否贏得部屬追隨。

所以，帶老團隊也要先學會聞味道。這時候，要聞的不是自己的味道，而是團隊的味道。換句話說，管理者要識別：「這是一支什麼樣的團隊？」「團隊成員有什麼樣的個性、愛好與習慣？」「他們在工作上有哪些優勢和劣勢？」這些資訊讓你快速了解一支老團隊，進而找到融入其中的竅門。

為了帶好老團隊，管理者必須做好以下三點。

一是主動融入團隊。老團隊對新來的管理者多少會有排斥心理，管理者要做好心理準備，放低姿態主動親近部屬，加入他們的圈子。比如說，趁午休吃飯時，主動與部屬坐在一起，閒聊他們感興趣的輕鬆話題。

此外，團隊中通常會有幾個特別熱情、喜歡交流的成員，他們是讓你快速了解團隊、融入團隊的最佳幫手。總之，知己知彼百戰百勝，主動了解並融入團隊，是你帶好一支老團隊必須邁出的第一步。

二是提升自己的專業技能。老團隊比較成熟，對於規章制度和工作職責都相當了解。因此，想讓團隊成員聽從安排，管理者必須具備更高階的專業技能。誰不願意追隨一個有實力的領袖呢？用實力說話是你搞定老團隊的不二法門。

三是前期求穩定，後期再調整。老團隊通常已發展得比較穩定，管理者最忌剛剛上任，就推翻既有的制度或管理方式，這很可能會適得其反。建議在接手的前期先求穩定，等你對團隊的發展狀況與成員有所了解之後，再做調整。

時機3：團隊在打硬仗的時候

打硬仗一般是指團隊在衝業績，或是與其他業務團隊比業績。在這些時刻，管理者的任務是訂定策略、決定資源、想定過程，以及設定結果，這四個環節不僅突顯管理者的能力，更鞭策管理者自我提升。

在打硬仗時，管理者要製造適度的緊迫感，以激發員工動力。我的團隊在每一次展開新專案時，都會召開專案啟動會議。在會議中，我要求員工簽下寫有個人目標的「軍令狀」，然後讓他們站到兩旁，由我站在中央呼喊團隊的名字，他們接著喊「必勝！」

接著，我拿出提前準備的榮譽證書，告訴他們：「這裡面有你們優秀的隊友，有優秀的開發專案。所有的光榮、業績都在等著你們。這不僅意味著鮮花和掌聲，更意味著我們的尊嚴。這個月，你們有沒有信心？有沒有信心？有沒有信心？」大家的熱情被瞬間點燃，紛紛呼喊：「有！有！有！」對於自己簽下的軍令狀，也更有信心如期完成。

在團隊打硬仗時，管理者的最大挑戰是如何激勵部屬積極行動，以達成目標。當你成功打下這個挑戰，管理能力就再上一層樓。

時機4：團隊面臨變化時

人們透過觀察事物的變化，可以領悟知識與處世的道理。管理工作也是如此，管理者可以從團隊面臨的變化，掌握更多管理知識，積累更豐富的管理經驗。

就目前的市場行情而言，互聯網公司的淘汰率在一〇%左右，互聯網業務的淘汰率甚至更高。因此，業務團隊注定要面對多變、動盪不安的環境。這時候，管理者的最大挑戰是什麼呢？

一是及時溝通的能力。管理者要將團隊面臨的變動，在第一時間向上司彙報，並將上司的指示明確傳遞給部屬。也就是說，管理者要擔任「上傳下達」的角色，溝通越及時，越有助於上司調整策略與部屬採取行動，以因應外界變化。

二是果斷的裁員。當團隊面臨變動，很可能會選擇裁員，這讓很多管理者感到無比艱難。為了團隊發展，他們不得不裁員，但是無論裁掉誰都會得罪人。只有讓相對不合適的人離開，才能將資源和精力放在更有利團隊發展的人身上，這是管理者應該具備的思維。所以不要怕裁員，該出手時一定要出手。

三是冷靜的心態。團隊的變動可能令管理者不安、焦慮或恐慌，進而影響成員的情緒。因此，無論面臨何種變動，管理者都應盡力保持沉著，冷靜面對並處理問題。

以上是鞭策管理者成長的四個時機。自我成長與提升是一門持續的功課，管理者應時刻保持學習狀態，尋找成長機會，並不僅限於這四個時機。管理者必須不斷成長，團隊才能獲得健康長久的發展。

【識人】辨別員工的類型與職涯階段，指導才會準確到位

「識人」不只是面試、看履歷、看績效，真正的識人是明確知道：「我擁有一支什麼樣的團隊？這些人才有哪些優勢和特長？他們處於什麼職涯階段？」然後根據答案提供資源，幫助員工盡可能發揮潛能。

就企業發展而言，成就員工就等於造就企業，所以管理者要做到兩種識人的功夫。

根據木桶效應，識別最需要幫助的人

聰明的管理者知道哪些成員需要幫助，然後給他們最好的後援。

團隊成員的能力往往參差不齊，管理學的「木桶效應」指出，一個木桶能裝多少水，取決於它最短的那塊木板。團隊就像一個木桶，每個成員相當於一塊木板。想讓木桶盡可

能地裝更多水，就需要管理者識別「誰是最短的那塊木板」，也就是誰最需要幫助。

最需要幫助的人有兩種類型。

◆類型1：最忙的人

最忙的人一定是最需要幫助的人，這一點毋庸置疑，但要注意「忙」有三種情況：真忙、瞎忙，以及裝忙。

真忙的人手上任務較複雜，工作量較大，以至於很難在有限時間內完成任務。這類人通常會盡力完成工作，很少大聲嚷嚷自己很忙。瞎忙的人通常是能力不夠或工作方法不對，以至於忙到最後仍無法完成任務。裝忙的人通常任務較輕鬆，但為了得到主管的注意和表揚，會刻意假裝自己很忙。

對於以上三種忙人，管理者應該幫助「真忙」和「瞎忙」的人。

對於真忙的人，管理者要提供人力或工具資源，讓他們的工作順利推進。對於瞎忙的人，管理者要指正他們，讓他們把時間精力花在更有價值的工作上。至於裝忙的人，不如就讓他們繼續假裝，等到考核績效後再找他們面談，指出工作態度的問題並要求改正。

◆類型2：能力欠佳的人

團隊總是不乏工作特別認真積極，但因為能力有限而績效不佳的員工。我的團隊就有一名這樣的成員，他做事很認真，但是對業務知識、飯店和旅遊資訊了解得不多，所以在客戶諮詢相關問題時，總是回答不出來。長此以往，他對自己越來越沒有信心，甚至產生離職的打算。

我不願失去這位認真踏實的員工，於是讓他接受培訓，同時安排能力突出、經驗豐富的業務員當導師，手把手地教他。一段時間後，他在處理業務時變得得心應手，簽約量整整翻了一倍。我暗自慶幸，如果當初任由他離職，就會失去一個得力悍將。

須強調的是，並非所有能力欠佳的員工，都值得你花大量資源提供幫助。前提是員工的工作態度認真、對團隊忠誠，你提供的幫助才會有效，否則只會越幫越亂，得不償失。

管理者都知道團隊的資源有限，主管的時間精力也有限。把有限資源放在有價值的事情上，才能促進團隊健康穩定地發展。所以，管理者要學會識別真正需要幫助的人，把時間和精力用在他們身上。一旦這些人的能力提升，水桶能裝的水就更多，團隊會發展得更快，為企業創造更多價值。

識別員工當前的職涯階段

隨著年齡增長與見識累積，人們對自身的認識會有改變，同樣地，隨著職涯發展，對工作的看法和心態也會轉變。因此，管理者要識別人才，就要判斷員工處於職涯發展的哪一個階段。通常可分為以下四種。

探索積累期。一般是指進入職場後一至三年，這個階段的員工對工作認知不高、能力欠佳、薪資較低。他們需要不斷探索自我、快速積累資源並提高能力，讓自己快速成長。

發展成就期。一般是指工作六至七年，年齡約在三十至三十五歲。他們基本上已經掌握職務所需的知識技能，關注的不只是利益和職位，更注重個人規畫與未來發展。

收穫平衡期。一般出現在四十歲左右。經過前兩個階段的積累與努力，這個階段的員工開始獲得成就。但是，他們仍有忙不完的工作和處理不完的事情，同時通常會面臨家庭和健康狀態帶來的壓力。他們需要良好的作息時間，以及在工作與家庭之間取得平衡。

開拓實現期。一般出現在五十歲左右。他們已有一定的資金和資源，現階段需要不斷開拓，在有保障的前提下實現自我。

處於不同職涯階段的員工，有不同的需求。管理者唯有了解部屬當前的職涯階段，才能針對情況提供幫助，進而激發潛能。舉例來說，團隊新加入一名應屆畢業生，他顯然處在職業生涯的起點，即探索積累期。這時候，管理者要著重培養他的專業能力。

其實，相對於應屆畢業生，工作三至五年的員工需要什麼，反而更不容易判斷。僅從工作年資來看，他們可能還處在探索積累期，但不排除有些人的成長速度快，各方面表現突出，早就跨越這個階段，進入發展成就期。所以，管理者判斷員工的職涯階段時，一定要全方位考察，切忌憑經驗盲目下結論。

◆4個判斷職涯階段的依據

管理者可以從以下四個方面，綜合判斷員工所處的職涯階段。要注意的是，千萬不能只看一個方面就下結論。越了解這些資訊，越能準確判斷員工的職涯階段，也越能幫助你識別人才。

- **年資：**員工在該行業已工作多少年。
- **職級：**從員工在企業的職位級別，判斷他的成長速度。
- **成績：**從了解員工在職期間的成績和成就，判斷他的工作能力。

- **失誤：**從了解員工在工作上的失誤，判斷他的工作能力。

識別人才不僅讓你知道「團隊需要什麼人才」，還能幫助你認清「我有一支什麼樣的隊伍」。正是因為深入了解團隊，我才能將他們妥善凝聚，形成一支強而有力的高效團隊。

【用人】藉由授權、輪調等3個手段，讓人才持續成長

前奇異集團CEO傑克．威爾許曾說：「讓合適的人做合適的事情，遠比開發一個新策略更重要。」在管理職位上摸索多年後，我逐漸明白：管理之道，唯在「用人」。

那麼，該如何用人呢？經驗告訴我，用人一定要懂得給機會。在實際工作中，我會設法在三個關鍵時刻，提供更多機會給員工，讓他們在工作過程中不斷提升自己。

當員工對現有工作遊刃有餘：授權

這時候，如果繼續縮限員工的權責範圍，他們當然無法獲得更多成長。此時，優秀的管理者一定會適當地授權，給員工更多機會挑戰自己、成就自己。

關於授權的方式已在前文討論，這裡不再贅述。

當員工在目前職位無法發揮潛力：輪調

這時候，管理者要讓員工進行輪調。舉例來說，美國的沃爾瑪百貨提供交叉培訓，讓不同部門的員工進行職位輪替。當員工多負責一項工作，他掌握的技能就會多一項，團隊的靈活性、適應性和競爭力都會大幅提升。

此外，讓員工進行輪調，也能有效控制人才流失。當員工在目前職位上無法發揮，容易產生職業倦怠，一段時間後可能選擇離職。如果讓員工輪調，讓他們保有工作的新鮮感和積極性，就可以降低人員流失的機率。

要注意的是，輪調不只是轉換員工職位。管理者要掌握以下四個技巧，否則很可能會適得其反。

一是制定輪調計畫。根據團隊發展情況，制定明確的職位輪調計畫，例如：要明訂哪些職位可以轉換，哪些職位不可以。

二是輪調要符合實際。判斷員工的能力和發展方向，然後針對其興趣、特長安排輪調，例如：不能讓業務主管輪調去當一線業務員。

三是幫員工做好心理準備。輪調雖然是為了激發員工潛能，但不是每個員工都樂意接受。有些員工認為，自己已經習慣目前的職位，換到新職位會很難適應。因此，在輪調前，管理者要幫員工做好心理建設，讓他們知道自己可以從輪調中獲益。

四是加強職前培訓。多數人面對生疏、沒做過的事情，都會感到不安。為了消除員工的顧慮，在輪調前要加強培訓，讓員工能快速適應新角色。

對企業而言，輪調能滿足人才的高度需求；對員工而言，輪調能幫助他們快速成長。由此可見，輪調是雙贏的管理模式，是從經驗中學習的最佳工具。

當員工成為一個領域的專家：傳承分享

這時候，管理者要讓員工傳承分享。這不但能發揮員工的最大價值，還能帶動其他團隊成員一起成長。

我有一個朋友是區域業務經理，他為了提升員工能力，每個月都會安排一次月末總結會議。在會議中，除了評估績效、解決員工的工作問題，還會安排業績前三名的員工上台，分享自己的業務經驗和技巧。

每次分享時，台下的人都聽得津津有味，而且不斷向分享者提問。在這個過程中，分享者得到成就感，聽者受到啟發，整個團隊都獲得成長，推動成員更積極地投入工作，創造更高業績。

用人的最高境界，就是用團隊人才培育更多人才。在我自己的團隊中，也會鼓勵表現突出的員工分享技巧、經驗或領悟，讓他們的智慧和才能影響更多人。

「如何盡可能地讓員工發揮潛能與價值？」是我在擔任管理者的這些年，不斷思考並嘗試回答的問題。我發現只有人盡其才，團隊才能發展得更好更快。所以，真正優秀的業務團隊管理者一定懂得給員工機會，讓員工從經驗中學習。

【養人】遵循「不拋棄、不放棄」原則，給部屬試錯的空間

在人才稀缺、一將難求的時代，如何「養人」是管理者必須重視的問題。在人才培養方面，我始終遵循一個原則：不拋棄、不放棄。

重點是關注人的成長，幫助員工成功

帶團隊其實就是帶人心。團隊管理者想贏得員工的青睞與忠心追隨，就要真心對待員工，關注員工的成長，幫助他們成功。這其實是在幫助管理者自己，也是在幫助團隊取得成功。

◆在工作中提供輔導

很多管理者會依據員工需求提供個人化培訓，後來卻發現，員工沒有將培訓的知識實際運用到工作中。這是因為在培訓結束後，管理者並未關心員工會不會實際應用，於是無法切實有效地幫助員工成長。

管理者不僅要為員工提供培訓，還要隨時在工作中輔導員工。比如說，當業務員在與客戶談判時發生矛盾，管理者要引導員工活用培訓的知識，尋找解決矛盾的辦法。透過這種引導，員工可以消化知識、提升技能，獲得真正的成長。

◆關注員工的心理需求

在馬斯洛的需求理論中，從下到上依次是生理需求、安全需求、社交需求、尊重需求以及自我實現需求。當人們在生理、人身安全、社交上得到滿足，便會繼續追求受尊重、實現自我等心理層面的需求。因此，管理者不僅要關注員工的工作，更要關注他們的心理。當員工感到快樂，便能全身全心投入工作，取得他們想要的成功。

在競爭激烈的職場，員工承受的壓力很龐大。在重壓之下，員工容易表現出注意力不集中、精神渙散或情緒低落，如果管理者不能及時發現狀況，幫助調整情緒，不但會影響員工個人的工作表現，也會影響團隊整體的工作氛圍。

◆幫助員工做職涯規畫

幫助員工做職涯規畫、確立發展方向，員工就會自動自發地採取行動，朝自己的未來目標努力奮鬥。

在幫助員工做職涯規畫時，管理者的角色是輔助而不是代勞。管理者可以站在過來人的角度，以前瞻的眼光提供意見。對管理者來說，即使員工沒有採納意見，也不要沮喪或著急，而是要換位思考，了解員工的理由和打算，才能幫助員工做出合適的職涯規畫，也讓自己更深入了解他們。

想培養人才，要大膽允許員工犯錯

大多數管理者都了解授權的重要性，卻不敢充分授權。原因在於，管理者認為員工經驗不足、能力欠佳，萬一出錯，最後還是得由自己出手補救。與其這樣，不如一開始就自己親力親為。

這種管理模式無疑會拖累團隊發展，讓員工的自信心和積極性備受打擊，也讓管理者越來越忙，以至於沒有時間精力去做更重要的事。

想讓團隊健康發展，就必須透過授權激發員工潛能。雖然員工不可避免會犯錯，然而要知道，任何團隊或個人在獲得成長前，都勢必經過一連串不斷的試錯。若不犯錯，你很難發現團隊的缺陷、員工的劣勢，也就無法得知該如何改進。因此，想要培養員工，管理者一定要給員工試錯的空間，讓他們培養責任感與主動解決問題的能力。

培養「性格迥異、味道相似」的人才

團隊需要創造力，因此需要「性格迥異、味道相似」的人才。這是什麼意思呢？典型例子是劉備、關羽、張飛這三個人性格迥異，卻能結成生死之交。他們有個人特色，又彼此互補，而且擁有共同目標。管理者在培養員工時，就要做到這一點。

不要試圖用自己的想法培養員工，把大家變成一個模子刻出來的人。這樣的團隊看似容易管理，但是沒有靈魂和創造力。他們做任何事情的想法都一樣，方法也一樣，或許可以按時完成任務，但很難有突破進展。我想這應該不是管理者希望看到的事。

為了避免這種情況，管理者要鼓勵員工發表想法，給員工表現的舞臺，讓他們活躍起來，為團隊創造更高的效益。

總而言之，管理者要讓部屬擁有相同的目標、一致的方向，也要允許部屬有不一樣的想法，讓團隊充滿創造力。如此一來，團隊才能發展得更好，企業才能獲得更高的收益。

鐵軍養成術

☑管理者唯有成就員工，才能成就自己，最終成就團隊與企業。成就員工就是讓員工不斷進步，方法包括了參與決策、賦予授權、提供培訓，以及合理激勵。

☑管理者自身也要保持學習狀態，抓住成長機會，才能夠帶領團隊不斷進步。

☑管理者要識別團隊成員的特點、優勢與發展階段，以便提供適切的資源與幫助，讓每個人都發揮最大潛能。

☑透過授權、輪調及分享，員工可以充分發揮能力，從工作中得到成就感與價值感，進而更願意為團隊付出。

☑想讓團隊保有突破的空間，就要允許員工犯錯，允許員工有不一樣的想法，而且不任意淘汰員工。

我不懂鋼鐵，但是我懂鋼鐵製造者的特性和思想。我知道怎樣為一項工作選擇合適的人才。

——卡內基

Chapter

5

工作重效率又顧氣氛，讓你的業務團隊更強韌

新官上任不必三把火！應啟動組織的「系統良知」

在旅悅集團創辦之初，團隊骨幹都是跟我一起打拚多年的兄弟，但不是集團內所有成員都理解我們的夢想與目標，能自動自發地前進。在一些專案的執行過程中，甚至出現與初衷相悖的情況。為了解決這個問題，我們開始思考組織當中的隱形推動力。

德國心理治療師伯特．海靈格，這樣定義組織中的隱形推動力：「在團隊組織中，有一股特別的力量在引導個體和整個團隊，讓他們不是走向目標，就是走上岔路，我稱之為「系統良知」（與道德無關），這是一種個體與個體之間形成的無意識認知。當管理行為符合系統認知的方向，團隊趨於平衡、和諧；如果不符合方向，系統將自我修正，團隊會失衡，產生衝突、矛盾，直至毀滅。」

管理行為要符合系統良知的運作法則

路先生剛進公司十個月，已經是團隊的業務骨幹，表現非常出色。後來，他所在團隊的主管晉升到其他部門，於是他被提拔接手「戰隊」，成為團隊主管。除了路先生本人，戰隊還有幾名同事。

- A：業務骨幹（資歷五年，頗有影響力）。
- B：默默耕耘（資歷三年，業績中等，為人誠懇踏實）。
- C：積極配合（資歷兩年，業績不理想，積極向上但有點著急）。
- D：新手上路（進公司半年，工作還沒有章法）。
- E：業務骨幹（路先生剛進公司時的師傅，業績好、與路先生關係不錯）。

「戰隊」是本地排名第一的團隊，也是一支老牌勁旅，拿過很多榮譽獎項。路先生很想做出成績，於是在接手的第二天就召開小組會議，發表以下內容。

首先，路先生強調自己是個實際的人，將帶領團隊創出新高度。他表示，大家都是兄弟，不用分地位，以後不論老手或新手，自己都會一視同仁，請大家務必配合。然後，他建議改掉原本的團隊名字，並提到前任主管在新人與骨幹培育上做得不夠，以後他將有所改進。最後，路先生批評某個已被開除、業績不達標的前成員，說他不適合繼續留在團隊裡。

完成第一次小組會議後，路先生一方面如釋重負，欣慰自己終於如願走上管理之路，另一方面又覺得奇怪，因為開完會後團隊氣氛一點也不振奮，但是他不知道究竟哪裡做得不對。

為什麼路先生會有這種感受？因為他這次的會議內容，違背了系統良知的運作法則，包括下列五點。

◆法則1：人人都有歸屬權利

每個成員都有歸屬一個團隊的同等權利。也就是說，成員不論身份、資歷、工作經歷，都平等占有一個席位。有的成員能力強、業績好，有的成員很努力卻進步緩慢，即便如此，每個人都要被接納，享有同等尊重。

路先生的錯誤是，認為那位業績不達標的前成員不配待在團隊裡。他忽視對方的歸屬權利，於是招致其他員工的不認同。

◆法則2：優待擁有職權者

路先生急著召開會議，某種程度上是急於證明自己，因為他在上任前沒有得到扶持，更未曾享受優待。這種臨時上位的情況，對管理者來說相當不利。很多團隊都是主管的管理能力不強、部屬的業務能力很強，此時若管理不當，就會難以服眾，團隊很容易產生不和。

因此我建議，如果你想扶一個管理者上位，就要全力支持他，即便他在短期內有失誤，也要給他絕對的優待。你的支持會帶給他強大力量，讓他更順利地完成工作。

◆法則3：施與受要平衡

很多管理者給予很少報酬，卻要部屬承擔很多責任，時間久了，部屬的內心會不平衡，很難全身全心投入工作。像是路先生認為，公司為那名業績不達標的前員工付出很多，但因為立場不同，這種想法很難在部屬之間獲得一致認同，甚至會有個別成員為那名前員工抱屈，進而影響團隊的工作氛圍。

我建議，管理者要知道部屬為公司付出許多心力，即使已經給予報酬和福利，仍要向他們表達感謝，哪怕只是一句簡單的「謝謝」。

◆法則4：先到者地位優於後到者

在團隊中，讓「先到者的地位優於後到者」成為既定規則，可以省下許多潛在問題。這不會激起新員工的負面情緒，因為他們也會變成老員工。路先生錯在將新手、老手一視同仁，結果新舊員工都不開心。

◆法則5：必須承認事實全貌

在案例中，路先生說那名業績不達標的前員工，不適合成為戰隊的一員。但是，即便該成員的表現確實不夠好，路先生仍然應該遵循有功有過的原則，全面客觀地評價對方。

事實上，辭退員工的布達大有學問。員工最有感的管理行為，就是管理者辭退誰、懲罰誰、晉升誰。因此，管理者在布達時必須承認事實全貌，將布達當作一次傳播團隊文化的機會，否則部屬會覺得管理者翻臉不認人。

5個方法啟動隱形推動力，抓住團隊人心

啟動組織中的隱形推動力，對管理工作至關重要。我的實務經驗也充分證明，只有尊重系統認知的運行法則，才能有效管理團隊，提高工作效能。

那麼，基於上述的系統認知法則，我們如何運用隱形推動力進行管理呢？我的建議如下。

與以前的同事私下溝通，消除緊張氣氛。不少管理者被提拔就喜形於色，雖然這無可厚非，但要體察他人的心情，理解並非每個人都為你的升遷感到高興，你要給他們時間適應。私下與以前的同事交流，一方面可以表達你的真誠，另一方面也削弱上下級關係，讓尚未晉升的同事在心理上得以緩衝。

尊重前任管理者，虛心求教。我曾對員工說：「你接手後三個月內的團隊業績，並不是你的業績，而是前任管理者的遺澤，你要善用這段時間觀察、學習，與團隊相處。」你要對前任管理者打下的江山保持尊重，遇到問題要及時虛心請教。

及時公開告訴團隊成員，你希望贏得他們的尊重。基於對前任主管的情誼，團隊可能還沒適應新任主管的到來，此時你更要主動表示友好。要真誠告訴他們：「我們將要一起

工作，希望大家能坦誠相處、彼此尊重。」

對前成員的離開表示遺憾，於法、理、情公開評價。不少管理者為了顯示自己的能力與決心，會不留情面地批評前成員，否定其過往的優秀表現。這種做法損人不利己，正確的方式是從法、理、情的角度，做一次公開、公正、客觀的評論。

保有自己的本色，不要過度改變行為。我見過一些管理者本人性格嚴肅，為了贏得員工的喜歡而假裝活潑熱情，但達成目的後就恢復本性，嚴肅地對待員工。這種做法會讓員工覺得你很虛偽，得不償失。

依據3項選才法則建立團隊，一上陣就引爆業績

人是團隊最重要的資產，但很難找到合適的人。在創建團隊的前期，管理者往往要花很多時間尋找人才。在旅悅集團，我們有三套選才工具。

找到有能力者：「北斗七星」法則

「北斗七星」法則的目標是找到有能力者，讓他認識招募者和公司，然後確認這個人的能力與職缺相符，想辦法讓他加入公司。所謂的「七星」代表七個條件，分別如下。

- **誠信：**誠實正直，言行坦蕩。
- **要性：**對財富積累、事業成功、他人肯定、個人成長等各方面，懷抱欲望和目標。

- **喜歡做業務：**認為業務工作有意義、有價值，視業務為自己的職業和事業；對業務工作有興趣，能在其中得到樂趣；認為自己適合從事業務，並做了相應的準備。
- **言出必行：**能設置兼具挑戰性、可行性的長短期目標，對目標保持忠誠與專注，努力工作以實現目標。
- **勇敢堅持：**具有吃苦耐勞、勤奮務實的性格，抗壓力強，能正向看待挫折與困難，懂得化解壓力；善於控制情緒，保持積極心態；善於激發工作熱情，維持良好工作狀態。
- **開放：**樂於與人相處，在人際交往中願意表現和分享，善於建立並維繫良好的人際關係。
- **有悟性：**能透過回顧反思、與人交流、自主學習等方式，了解、歸納、活用知識與經驗，不斷更新知識庫，提高工作技能，增強適應能力。

這七個條件結合業務工作的特點與優秀業務員的特質，我們實際運用後，發現招募到的員工都非常優秀。因此，北斗七星選才法則成為旅悅集團招聘業務員的重要工具。

篩掉不適用者：「三吝五慎」法則

我們在實際工作中發現，有些人才雖然完全達到七星條件，卻不一定符合旅悅的用人要求。因此，我們整理出「三吝五慎」選才法則，明確列出要避免錄用的條件。其中，「三吝」是指有三種人要堅決不予錄用。

一是所有工作經歷都不滿一年，頻繁跳槽的人。這種人的職涯目標不明確，無法穩定踏實地工作。聘用這類員工，不僅損耗人力、物力、財力，還會使人員流動過於頻繁，帶給其他員工負面影響。

我見過很多大學生畢業後選擇業務工作，但是往往心高氣盛，不能心平氣和做好一件事。他們容易自怨自艾，總是將無法成交的原因歸咎於客戶與環境。若管理者提出指正，他們會感到莫大的委屈，進而消極怠工或直接放棄。

二是不看重面試的人。對於不尊重面試官的人，例如：在面試時戴墨鏡、嚼口香糖，第一時間就確定不錄用。尊重人是基本禮儀，態度不佳的人很難對工作盡心盡力。

三是大肆抱怨前公司、**前老闆，卻不反思根本原因的人。**這種人容易推卸責任，只考慮自己的利益。聘用這類員工就好像把一顆定時炸彈放在團隊中，他的自私和負面情緒不但會自傷，還會連累其他無辜的成員。

另外，「五慎」是指以下五種人要謹慎考察，再決定是否錄用。

- **營業員、店員等櫃檯銷售員：**這些工作比較單一，壓力也比較小。如果他們熟悉慣有的銷售模式，很難適應充滿挑戰的業務事業。
- **競爭不足、壟斷型企業的業務員：**他們多是面對固定客戶，不需要花太多精力去談判，而且業務週期較長，因此可能無法適應高強度的業務團隊。
- **職位級別較高者：**如總經理、總監等，他們的期望高，能匹配的職位少，所以需要謹慎考察。
- **特殊行業的業務員：**由於所處行業缺乏規範，他們可能缺乏團隊合作意識，有些人會自恃能力強，聽不進他人的意見和想法。
- **應屆畢業生：**他們初入社會，缺乏經驗且工作能力不強，很少能快速適應有挑戰性的工作。但是，校園招聘的儲備幹部除外，他們的專業能力強，適應力也強。

同場加映：「勝任力模型」法則

一般來說，員工的勝任力包括三個部分。

一是工作動力。這包括了要性（即渴求一件事物的程度）、對目標的承諾與追求、職業認同等。有研究表明，對工作有目標感的人更容易做出成績。管理者在創建團隊、挑選員工時，要選擇做事認真負責、追求極致、能夠不斷反思的人。

二是能力。這裡是指職場通用的能力與業務專業能力。通用能力包括了學習與思考力、溝通力、情緒管理與面對壓力的能力。業務的專業能力包括了客戶中心意識、客戶判斷與跟進能力、工作規畫與執行能力等。

三是個性特質。在能力之外，一個員工具備韌性、勤奮、外向與親和的美好品格，更容易取得長足進步，獲得持久成功。

管理者在建立團隊時，一定要充分考察員工的工作動力、個人能力、個性特質。挑選到適合的人才，能讓團隊獲得快速成長。

我投入50％精力培養部屬，用2個矩陣事半功倍

對管理者來說，最重要的工作是：培養人（人是最重要的資產）、傳遞文化（價值觀建設）、上傳下達（時刻與公司保持一致）、完成目標（帶領團隊完成公司下達的目標）。

旅悅成立後，團隊發展得很快，於是我將更多精力放在培養人才的工作上。事實證明，這是帶領企業持續發展的正確決策。正因為我將五〇％的精力放在培養員工，旅悅的員工都進步飛快，旅悅也煥發生機，在「互聯網＋飯店」的領域嶄露頭角。

那麼，具體上應該培養哪些員工？又該如何培養他們呢？在旅悅，我們常用兩個矩陣工具回答這些問題。

「意願技能」矩陣法：如何培養？

意願技能矩陣是指，根據意願和技能的強弱，將員工分為四大類型：意願高技能強、意願高技能稍弱、意願低技能較強，以及意願低技能弱（見圖5-1）。

針對這四類員工，管理者要採取不同的方法培養他們。

首先，對於「技能強且意願高」的員工，管理者要充分信任其能力，放心把工作交給他們，並授予一定的自主決定權，這比任何培訓都更有用。但是，管理者要注意授權的有效性。

其次，對於「技能強但意願低」的員工，管理者要用「教練技術」培養他們，透過態度

圖5-1　員工的意願技能矩陣

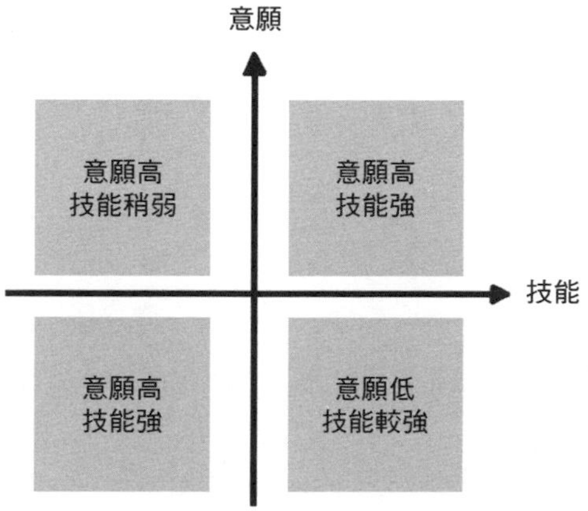

訓練，幫助部屬挖掘潛能、提升效率。此外，**為了讓員工在工作中找到更多意義，提升工作意願，管理者可以採取教練技術中「上推下切平行」的溝通策略。**

「上推」是找出被問者追求的價值，也就是行為的正面動機，以便激發更有助於實現目標的行為，來取代過去的行為。「下切」是在回答的內容裡面找焦點，放大其中某個部分，使它更清晰。「平行」是尋找更多可能性。

我們來看一個例子，假設有一個業務員抱怨工作困難，客戶總是不願意成交。

管理者：「你覺得客戶不成交的原因是什麼？」（上推）

業務員：「感覺他總是不信任我。」

管理者：「他不信任你的時候有什麼表現？」（下切）

業務員：「他總會質疑我的產品是不是確實有效，還有他會猶豫不決、眼神閃躲等等。」

管理者：「很好，你觀察得很仔細。現在你打算怎麼解決這個問題呢？有什麼好的方法嗎？」（平行）

業務員：「我打算……」

除了教練技術，我也建議管理者適度使用獎懲制度。人都會努力逃避痛苦、追求快樂，例如：為了不被扣錢或不被淘汰，而努力工作，或是為了贏得獎金、獲得升職，而積極追求更高的業績。管理者要摸準員工的心理需求，透過升職、加薪等正面激勵，或是訓斥、降薪等負面激勵，促進員工的工作意願。

另外，對於「技能弱但意願高」的員工，他們有很大的發展潛力，也有充足動力，管理者可以用「指導＋顧問」的方式加以培養，尤其是師徒制的一對一輔導，效果會非常好。最後，對於「技能弱且意願低」的員工，管理者無須花費太多心力去培養，如果條件成熟，我建議你辭退這類員工。

「業績價值」矩陣法：培養誰？

我最初在阿里巴巴接受培訓時，對價值觀的重要性感觸頗深。馬雲有一段話說得很好：「你可以帶來客戶，也可以帶走客戶。如果你不能接受阿里巴巴的價值觀，不能和阿里巴巴的團隊配合，即便你能帶來一百萬元業績，阿里巴巴也不要。」

價值觀第一，然後才是能力，我在創建旅悅鐵軍時也深深相信這點。不認同團隊價值觀的員工，在某種程度上是無用的，也不適合長期栽培。

我相當重視價值觀，因為它可以凝聚人、激勵人，也能帶領人看往同一個方向，彼此成為共同體。在旅悅，我們用價值觀衡量一名部屬是否值得培養，並設計出「業績價值矩陣」。

- 沒有業績也不認同企業價值觀的員工，直接淘汰。
- 業績好但不認同企業價值觀的員工，如果不能改變價值觀，將會被淘汰。
- 沒有業績但認同企業價值觀的員工，他們值得培養，將會得到幫助。
- 業績好而且認同企業價值觀的員工，將得到最多機會，分配到最多股票選擇權。

有捨才有得，好主管會淘汰5種逆向而行的員工

二〇一七年，旅悅團隊發展得越來越成熟，我遇到一個未曾重視的問題：如何請不適合的人離開？

團隊管理者除了要會選人、用人、育人、留人，還要會淘汰人。甚至有人說，不曾開除人的管理者，不是合格的管理者。好員工對團隊發展有正面影響，同樣地，不好的員工對團隊發展有負面影響。因此，當團隊的味道出現問題，管理者要懂得讓不適合的人離開。

旅悅曾有一名非常出色的員工，他敢拚、敢想，但有一個致命缺點：過於自大、一意孤行。儘管他為公司帶來成績，卻也帶來惡劣影響。他因為自負而很難與其他人和平共處，使得團隊氣氛也變得不自在。

我當時沒有急著請他離開，而是先與他坦誠溝通。我問他：「有沒有發現自己的言

行，給公司帶來負面影響？有沒有覺得其他同事對他敬而遠之？」他聽到我這樣詢問，毫不在乎地直言：「他們都是嫉妒我業績好。我不覺得自己有什麼問題，上次的拜訪也是因為對方……。」

他不能理解我的提問，而且急為自己辯解，把所有罪責都推給別人。我試圖引導他意識到自身問題，但是他回答：「那非常抱歉，我就是這樣的個性。」我對他的回答感到驚訝，也開始認真考慮：他是否真的適合這個團隊？過了一段時間，這名員工還是屢犯禁忌。最終，我淘汰了他。

我必須申明：我們不鼓勵辭退員工，而且我們針對的是不良行為和影響，而不是針對員工個人。為了公司的發展，如果在重複警告後，員工沒有任何改正的跡象，我們必定會慎重淘汰他。

在旅悅鐵軍，我希望每個成員的眼睛都看往同一個方向，心都往同一個目標靠攏。為此，我們要辨識出「逆向而行」的員工，才能阻止他們消耗團隊精力，破壞團隊的正常運作和發展。

破壞底線的人，會引發內部矛盾

我對這一類人零容忍，一旦發現會立即淘汰，因為他們的破壞力極大，會對團隊氛圍造成極負面的影響，若不及時清除，會造成更大損失。這種人通常有三種表現。

- 過度索取。當你滿足他一個需求，他會不斷提出新的要求，而且態度越來越差。除了向公司索取，他還會向同事索取，例如霸占同事的工作成果。
- 傳播團隊或同事的負面不實資訊，或是搞小團隊，敗壞公司風氣。
- 經常不服從上司的工作安排，推卸責任，故意引起內部矛盾。

極度消極的人，只會潑團隊冷水

消極是一種可怕的能量，極度消極的員工認為自己一無是處，在工作中既無法做出突破，也無法使盡全力，如果遭受打擊或批評，還會變得更加沉悶。

一方面，他們不願意做新的嘗試與努力，另一方面，他們總是在團隊裡散播消極思想，影響其他人的工作情緒與動力。舉例來說，當同事鬥志滿滿，準備大幹一場時，他卻在一旁冷言冷語：「我勸你還是認清現實，這目標太難了，你完成不了」、「我覺得做業務很難，太累了」。

對於這類員工，管理者可以先找他們溝通，如果他們依然無法控制自己的消極情緒，就只能淘汰。

止步不前的人，跟不上團隊發展

機會都是留給有準備的人，當一個員工總是止步不前，就很難跟上團隊的發展與變化。這裡的止步不前有兩個含義。

一是長久缺乏能力，導致業績不升反降。舉例來說，員工在一年前加入團隊時，能做到A程度，一年過去了，他還是只能做到A程度。對於這類不求上進且能力不足的員工，要予以淘汰。

二是自認勞苦功高，在功勞簿上吃老本。有些員工因為過去的成績沾沾自喜，心安理得地不繼續努力。這將帶給新進員工非常惡劣的影響，令他們暗自揣測：「原來這個公司是一個論資排輩的地方，剛出茅廬的我在這裡沒有希望，還是早離開為妙。」對於這類自以為團隊缺他不可、自視甚高、倚老賣老的員工，我們也不歡迎。

懶惰的人，降低團隊整體表現

哈佛商學院的沃克博士說：「團隊中最懶惰的那名成員，可能是決定工作成敗的最終因素。團隊的技術水準等於每個成員的平均技術水準，若團隊中有一個技術特別熟練的人，他會使團隊的整體表現好一點，但若有一個表現特別差或特別懶惰的員工，團隊的整體表現就會大幅降低。」

這也是一種木桶效應，最短的木板會影響桶子的最終容量。因此，當團隊出現一個懶惰的人，管理者要及時淘汰他。

我們會堅決淘汰那些得過且過、三分鐘熱度、只想不勞而獲的懶人。相反地，旅悅歡迎「有饑餓感」的人，也就是永遠不滿足於現狀、願意追求更高目標的人。他們對業務工作充滿激情，把今天的最高標準當成明天的最低要求，全身全心投入在工作中。

平庸的好事者，分化團隊向心力

幾乎每個團隊都有這種人，他們的資質、能力及未來前景都很一般，卻是引起辦公室內鬥的好事者。你必須快速揪出、淘汰這些害群之馬，否則他們會以驚人的速度「繁殖」，將原本該是同心奮鬥的團隊，變成硝煙遍布、人心浮躁的戰場。

當然，淘汰部屬並不是隨心而發、率性而起的遊戲。淘汰時，必須認真考慮是誰需要被淘汰。最怕的是該走的人沒走，不該走的卻想離開。

我建議，管理者在決定之前要先問自己：「我曾提供對方幫助嗎？我已經把醜話說在前，給過警告了嗎？我給過對方機會嗎？」如果答案都是肯定的，而對方還是沒有任何改進，就可以做出淘汰的決定。

淘汰員工需要勇氣和果敢，一旦思考清楚並做出決定，就要堅定執行。唯有如此，才能順利解雇不適合的人，讓團隊看齊同一個方向。

營造「情場」搏感情，讓員工樂在工作且績效高

「職場」和「情場」的區別是什麼？

如果把團隊看成職場，管理者只會關注當下目標，把員工看成團隊資源，那麼一旦遇到職場危機，員工的第一個念頭就是離開。相對地，如果把團隊當成情場，管理者會關注員工成長，牽掛員工的喜怒哀樂，那麼即使遇到職場危機，員工不會馬上離開，而是會同舟共濟，共同克服困難。

所以，管理者不要將團隊看作冷冰冰的職場，而是要營造成有溫度的情場。

從小事開始，與員工建立深厚情感

人是有感情的高級動物。要將團隊營造成情場，首先要從小事開始，也就是尊重每一

位員工。每個人都有被尊重的心理需求，尊重員工是贏得團隊信賴的前提，無論於公或於私，我都會尊重他們的想法和意見。

此外，想拉近與員工之間的距離，一定要懂得關心員工，讓他們感受到溫暖。你要時刻留意員工的舉動，發現他們的心思，盡力滿足其需求，以營造出強烈的歸屬感。同時，也要做到「己所不欲勿施於人」，要有一顆包容的心，能接納員工的小缺點，理解他們的小錯誤，而不是過份苛責。

最後，管理者在工作上不能吝嗇，要將自己的知識經驗分享給員工。這不但能促進關係、拉近距離，更有助於提高員工的工作能力，達成互相學習。

提供資源，真誠幫助員工實現目標

我認為一個人的成功發展需要三個條件：找一個好行業、找一家好公司，然後堅持下去。我始終致力於讓旅悅員工感受到，自己進入了一個有前景的行業，加入一家優異的公司，最後員工能不能成功，就看他們自己的堅持。

如果員工願意奮鬥，我會盡力提供資源，幫助他們發現自身優缺點，找到未來的發展方向和晉升管道。我的理念是：員工想得到的，我會努力幫他們實現；員工想不到的，我會努力幫他們想到。

當我不斷以這種真誠為員工付出，他們會把工作當成自己的事情去做。這意味著，我一定是做對了。

把握3個時機，一對一深度溝通

在旅悅創立初期，我最大的願望是創造利潤，但我沒有只顧當前利益，而是更看重長遠的夢想。同理，我不希望員工只埋頭工作，而是希望他們一邊工作、一邊思考，不斷提升能力，為公司創造更大價值。

因此，我經常抽空約員工一對一溝通。這不是打內線電話告訴員工：「到我辦公室來一下」而已，想讓一對一面談真正發揮作用，必須注意以下幾點。

- 事先通知員工，安排具體的溝通時間。
- 確保員工手上沒有非常緊急的任務須完成。

- 不要占用員工下班或者休息的時間。
- 提前準備溝通的相關資料。
- 要讓員工充分表達自己。
- 幫助員工找到問題，並解決問題。

相較於郵件、電話等溝通方式，一對一談話可以直接觀察員工狀態，讓員工感受你的真誠，而願意信賴你，你們之間的感情也會更深厚。那麼，管理者應該在什麼時候，與員工進行一對一深度溝通呢？

一是績效考核結果出爐後。此時，你能了解員工在一段時間內的工作情況、取得的成績、存在的問題。在清楚這些資訊後，你可以與員工聊一聊，了解他們的想法和需求、指正他們的問題、幫助他們解決困難，並制定下一步工作計畫。

二是員工遇到重大問題時。你要及時找員工面談，指導他們做好工作。舉例來說，員工與客戶談判時，因為說話不當而被客訴，此時你要盡快與員工溝通，教導他談判要注意的細節。

三是員工主動尋求幫助時。當員工在工作中遇到問題，無法自行解決時，會尋求管理者的幫助。這是管理者與員工一對一深度溝通的最佳時機。

管理者雖然每天都見到員工，但因為工作性質的關係，能與員工溝通的機會並不多，更別說有深度的溝通。俗話說：「見面三分情」，想將團隊建立成「情場」，管理者要把握每一次與員工一對一面談的機會。

要求成果之前，先提供幫助和鼓勵

「將欲取之，必先與之」的意思是，要想獲取些什麼，得暫且先給予些什麼。對於管理者而言，想得到更好的結果，就要在員工達成結果之前，先給予員工想要的東西。

在傳統管理觀念中，管理者處在高高在上的位置，只知道下命令、要成績，導致管理者與部屬間的矛盾越來越多，團隊效率也越來越低。可見，如果管理者只關注結果，不關心員工的需求和想法，顯然得不到理想成果。

尤其是對崇尚自由、追求快樂的九〇後員工來說，要讓他們給出漂亮的結果，得先讓他們自由、快樂，把管理員工變成幫助員工。舉例來說，我們經常召開團隊吐槽大會，讓員工暢所欲言表達想法和需求，而我會認真傾聽、盡力滿足，這個過程讓員工非常快樂。

當他們的心情愉快，自然會加倍努力完成工作。

團隊是一個講制度、講規矩的地方，也是一個講愛、講感情的地方。團隊管理者既要懂得用制度和規矩管理員工，也要懂得用愛和溫暖幫助他們。

高效的流程是根本，觀摩XCRM管理系統怎麼做

業務團隊的最終目標是簽下更多客戶，賺取更多利潤，因此我將XCRM管理系統引進旅悅。

XCRM系統，或稱Cross CRM，是基於雲端架構的智慧管理系統，能協助企業提升行銷效果，實現利潤增長。我們能透過該系統獲取大量數據，進一步了解客戶，提供更完善的服務，藉此提高客戶滿意度和團隊獲利能力。

二〇一九年，旅悅集團簽約的飯店數量從數百家增長到將近兩千家，分布於十多個國家和地區，一共有兩百多個目的地。在這個過程中，我堅持利用數據協助飯店拓展，以科技提升效率。我持續強化XCRM系統，為分店拓展和營運管理提供強力支持。

在實際的經營工作中，XCRM系統確實為團隊帶來不少便利，包括下列四點。

基於大數據的飯店拓展選址方案

為了高效拓展飯店，首先要快速找出拓展目標。XCRM系統是基於旅遊業大數據和智慧分析引擎的系統，能有效協助分店選址。此外，它提供高精度地圖的操作介面，以及基於業內大數據的即時熱點區域分析工具，讓業務員能隨時隨地找到優質物業，提高鎖定拓展目標的精準度。

全方位的情報與客戶管理能力

當我們鎖定一批想要拓展的飯店，面對大量目標，接下來的問題是：如何有效配置資源，高效完成這些飯店的拓展？

XCRM系統的大數據技術可以刪除重複情報、進行優先排序、自動分配情報，有效提升情報匹配度，進而優化商務拓展、客戶跟進的成果，提高簽約轉化率。舉例來說，讓XCRM系統按照建立的規則，自動分配物業給業務員去拓展，既能避免人為分配的弊端，又能根據業務員的拓展能力與工作量，進行動態調整。

簽約各環節流程化的解決方案

當數百名業務員同時跟進數千家分散於世界各地的物業，面對大量客戶和合約，我們需要解決三個問題：如何有效管理簽約流程？如何保持資料與資訊的高效同步？如何提升簽約轉化率？

以上是旅悅在快速發展中必須優先解決的問題。XCRM系統提供簽約的工作流程引擎，可以將實體簽約過程的關鍵動作搬到線上，藉此管理簽約進度、監控簽約過程，並管理合約資料，確保各個環節符合企業規範，實現高效管理。

物業開發過程和分店經營週期的全面資訊

高速拓展物業和分店的過程中，時時刻刻都會產生數據。透過這些數據，公司管理者可以全面了解物業簽約與分店營運狀態，這對於提高業務人數、提升分店經營能力與盈收，具有非常重要的價值。

XCRM系統提供的數據分析能力，有以下三大功能。

1. 自動生成電銷／業務拓展的日報、週報、排行榜，即時呈現當前的工作情況、KPI達成情況。減少八〇%花在整理基本資料的時間。

2. 支援收款資料、收款進度的線上管理，避免實體收款系統帶來的麻煩，減少業務和財務部門溝通對帳的時間。

3. 支援分店經營週期等各類數據的結構化管理，完整呈現各種分店精細化管理所需的資訊，例如：分店在旅悅的簽約、籌備開幕、日常巡店管理、店長調動、停業／解約等。

從以上四點不難看出，XCRM系統對旅悅團隊的發展大有功勞。在使用過程中，我深刻體認到，高效的管理系統不僅能讓團隊管理更有效率，也有助於提高團隊業績。

我建構企業教育體系，傳承業務鐵軍的精神

企業或團隊之間的競爭，實際上是人才與人才之間的競爭，這在業務行業尤為明顯。一支高效業務團隊能創造的業績，與一般業務團隊的差距可以是幾倍，甚至幾十倍。所以我們創辦「旅悅大學」，藉此塑造並傳承鐵軍精神，用人才驅動團隊與企業發展。

旅悅大學並非普通的企業培訓部門，而是系統化教育體系。它和公司的人力資源部門屬於同一個層級。我堅信，比起一般的培訓，系統化教育模式更能塑造員工，帶給員工更多價值。

閉環運作模式與金字塔發展系統

旅悅大學採用專案制管理，是一個封閉的循環模式。從下頁圖5-2可以看到，旅悅大學

除了商學院，還有很多其他學院。我們希望全方位培養業務員，不只學習商務技巧，還要精通行業相關知識、了解市場動態，全面提升業務技能。

再來看旅悅大學的發展系統（見圖5-3），整體來說像是一個金字塔，最底層是旅悅戰略定位，也就是旅悅大學的發展核心。接著向上依次是：服務標準和評估系統、知識和人才管理系統、旅悅人才發展戰略。

從這個發展系統，可以清楚看到旅悅大學對人的重視，尤其是對人才發展的看重。

圖5-2 旅悅大學的循環模式

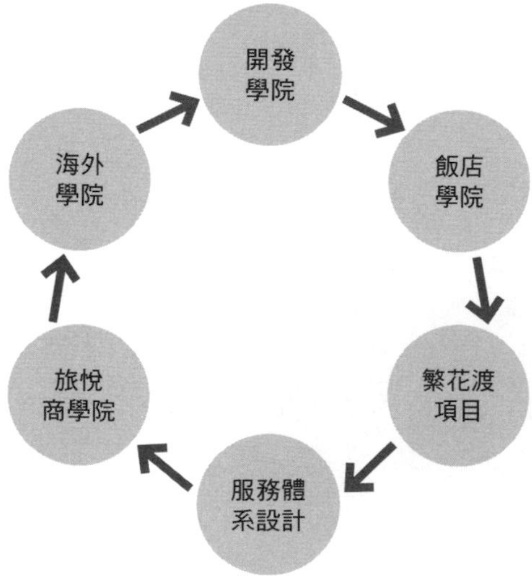

3種營運課程，讓員工熟悉業內知識

旅悅大學的營運課程體系中，主要包括三大類課程。

一是服務系列課程，內容針對服務工作，包括：預定確認、迎客、送客進房、暖心宵夜、客房清潔、客房物品擺放標準、鋪床實作標準、線上營運、溝通技巧等。

二是管理技能系列課程，主要涵蓋三方面。

- 服務業主：也就是服務合作的商家（見下頁圖5-4）。

圖5-3 旅悅大學的發展系統

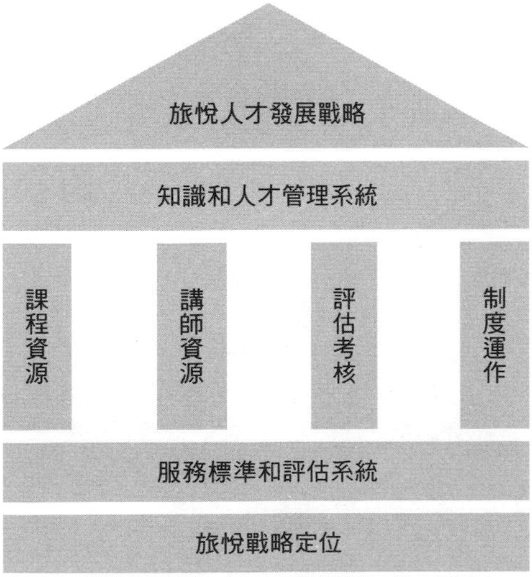

- 玩轉業績：讓員工了解管理工作，幫助員工規畫職涯（見圖5-5）。
- 營運管理：讓員工了解飯店業各部門的營運方式（見圖5-6）。

三是培訓系統系列課程。對於一所企業大學來說，企業培訓必不可少，內容包括了知識培訓技巧、技能培訓技巧、「繁花渡」項目。前兩項是飯店旅遊業相關的知識與技能培訓，繁花渡專案則是為了提高一項新專案的執行效果，而專門設置的課程。

圖5-4 「服務業主」課程內容

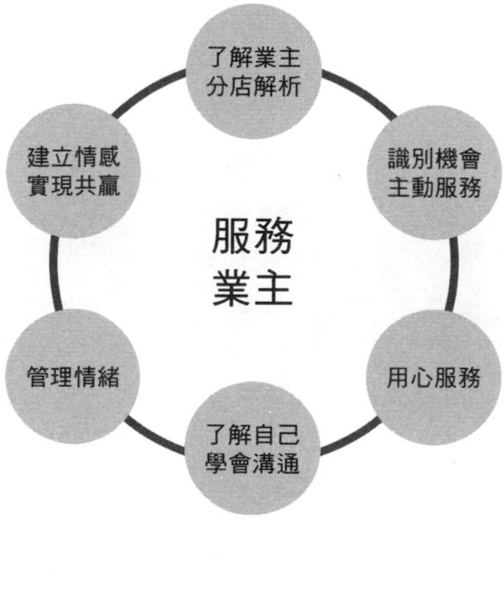

圖5-5 「玩轉業績」課程內容

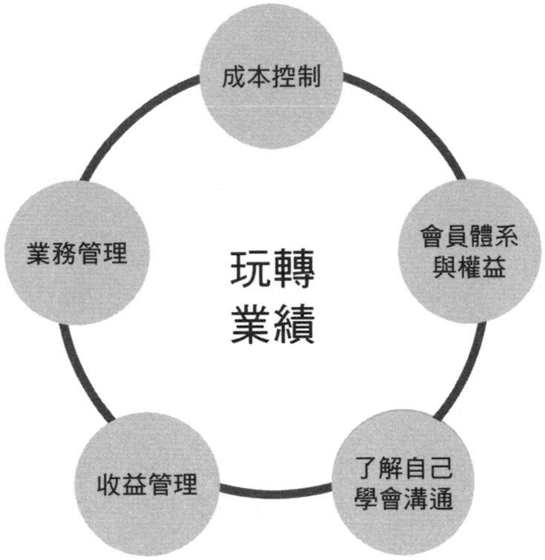

圖5-6 「營運管理」課程內容

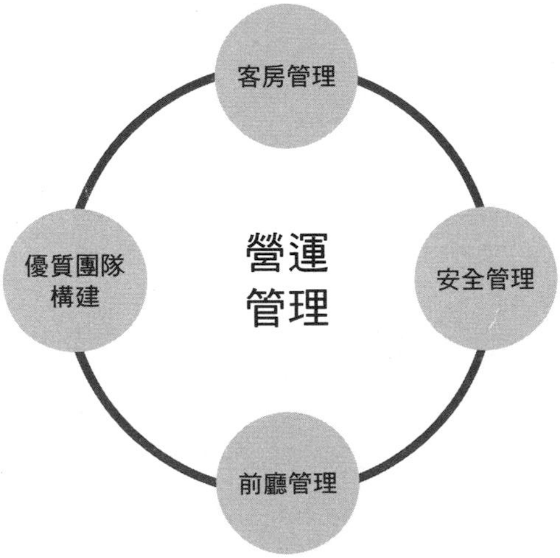

3種開發課程，訓練員工開拓市場

對於業務人員來說，在營運知識之外，還要掌握開發知識，才能拓展更多市場。為此，旅悅大學建立開發課程體系，採取「一測二學三練四評」的封閉循環學習模式，內容包括三大類課程（見圖5-7）。

- 開發應知系列：與開發相關的知識課程。
- 開發應會系列：與開發相關的技能課程。
- 開發管理系列：與開發相關的管

圖5-7 「一測二學三練四評」學習模式

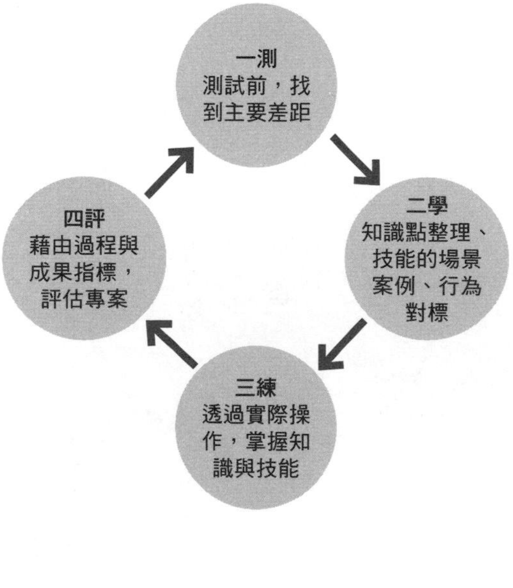
一測
測試前，找到主要差距
二學
知識點整理、技能的場景案例、行為對標
三練
透過實際操作，掌握知識與技能
四評
藉由過程與成果指標，評估專案

理課程。

4種輔助資源，提升員工學習興趣

為了讓上述課程的學習效果更好，同時提升員工學習動力，旅悅大學提供以下四個輔助資源。

一是培訓手冊。有經理培訓手冊、經理訓練營學院手冊，其中囊括所有培訓相關的詳細內容。

二是影片課程。現今年輕人喜歡透過影片學習，旅悅大學為了提高員工的興趣、學習力及理解力，也用影片呈現教學內容，例如：前廳、客房、餐廳的工作流程教學等。

三是直播課程。這是近年流行的傳播方式，旅悅大學緊跟潮流，目前設立兩個直播帳號，分別是「旅悅三點半」和「旅悅充電站」。

四是自媒體課程。企業經常使用自媒體平台，除了展示企業的形象、價值、理念與產品，也向員工傳遞知識。旅悅目前有兩個自媒體帳號，分別是「旅悅大課堂」和「旅悅商學院」。

2種職涯發展方向，讓員工適性成長

旅悅大學的核心目的是培養人才。為了進一步強化企業DNA，讓員工在變革中不斷進步，旅悅大學建構人才發展體系，採用「五級雙路線」模式栽培人才（見圖5-8）。

其中，「雙路線」是指管理路線和專業路線，員工規畫職涯時，可以選擇管理路線成為管理者，或是選擇專業路線成為高級技術人才。

「五級」是指每條路線都有五個級別。在管理路線，員工發展的五個級別是：新手、有經驗者、監督者、管理者和

圖5-8 「五級雙通道」人才發展模式

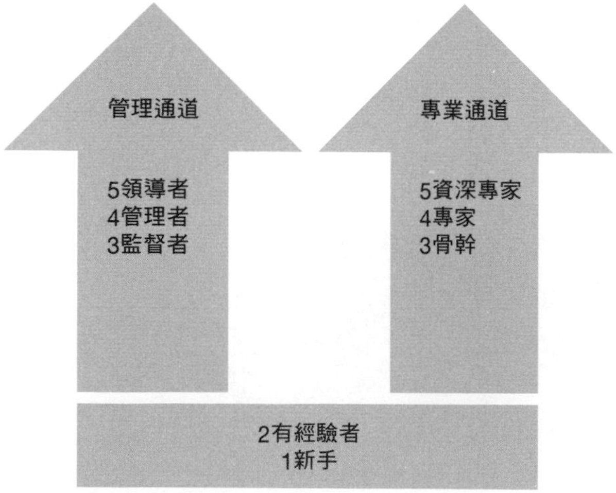

領導者。在專業路線，員工發展的五個級別是：新手、有經驗者、骨幹、專家和資深專家。

五級雙路線模式提供員工更多發展機會，讓員工選擇適合自己的成長方向，有利於提高積極性，激發工作動力和潛能。

4個對外敞開項目，造福業內人才

旅悅大學不僅對內發展，也對外敞開。對外的商業發展主要是以「旅悅商學院」作為生力軍，包括下列四個項目。

- 線上知識專欄：讓從業人員利用零碎時間吸收知識，並且根據內容收費。
- 驛路同行遊學：結合業主需求和旅悅優勢，實現遊學融合。
- 線下特訓營：結合行業痛點與客戶需求，制訂培訓內容，協助客戶解決實際的經營問題。
- 賦能商學院：依靠政府、協會等資源，對從業人員進行二次培訓與職業資格認證。

為了順利達成計畫，旅悅大學制定完善的商學院課程體系（見圖5-9）。無論對內或對外課程，旅悅大學的宗旨始終不變：致力於人才培養，讓鐵軍精神傳承下去，讓旅悅乃至更多企業得到健康、穩定、長久的發展。

圖5-9 旅悅大學的商學院課程體系

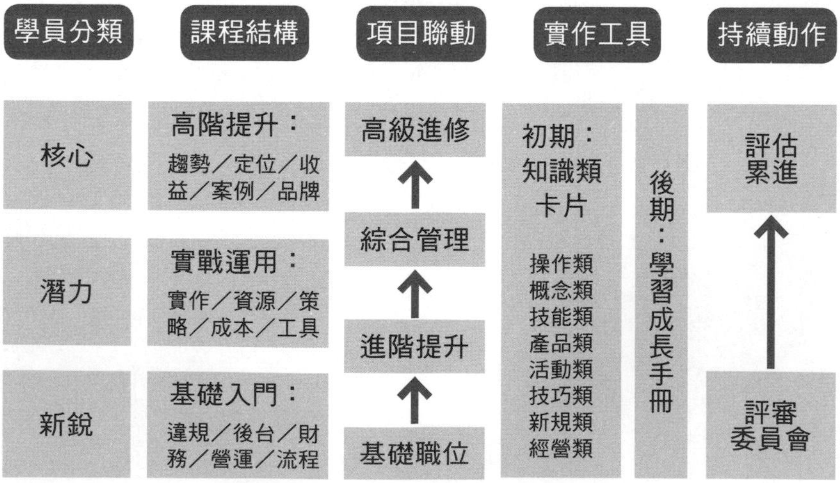

鐵軍養成術

☑新手主管接管舊團隊時，要用符合「系統良知」的方式融入團隊，才能得到老員工的尊敬與信賴。

☑為團隊選才時，要充分考察對方的工作動力、個人能力、個性特質，再決定是否錄用。

☑對於沒有業績但認同企業價值觀的員工，只要好好培養，就能創出令人驚喜的價值。

☑當員工因消極、懶惰……，帶給團隊負面影響，管理者要適時淘汰他們。

☑講求職場上的人情味，可以讓員工認同團隊、願意為團隊拚命，所以管理者要與員工建立情誼，提供幫助並安排深度溝通。

☑要建構管理系統，成為企業開拓市場和營運管理的強大支柱，提高工作效率。

☑重視企業精神的傳承、人才的培育，能讓企業與整體行業都永續發展，持續創造更大價值。

國家圖書館出版品預行編目（CIP）資料

百億超業CEO教你帶領業務鐵軍：懂得帶團隊，從此不用自己做到死！／張強著
--初版. –新北市：大樂文化有限公司，2022.11
192面；17×23公分. --（Smart；116）

ISBN 978-626-7148-23-5（平裝）
1. 銷售管理 2. 職場成功法
496.52 111013220

Smart 116
百億超業CEO教你帶領業務鐵軍
懂得帶團隊，從此不用自己做到死！

作 者／張 強
封面設計／蕭壽佳
內頁排版／思 思、蔡育涵
責任編輯／林雅庭
主 編／皮海屏
發行專員／鄭羽希
財務經理／陳碧蘭
發行經理／高世權、呂和儒
總編輯、總經理／蔡連壽

出 版 者／大樂文化有限公司
地址：新北市板橋區文化路一段268號18樓之1
電話：（02）2258-3656
傳真：（02）2258-3660
詢問購書相關資訊請洽：（02）2258-3656
郵政劃撥帳號／50211045 戶名／大樂文化有限公司

香港發行／豐達出版發行有限公司
地址：香港柴灣永泰道70號柴灣工業城2期1805室
電話：852-2172 6513 傳真：852-2172 4355

法律顧問／第一國際法律事務所余淑杏律師
印 刷／韋懋實業有限公司

出版日期／2022年11月22日
定 價／320元（缺頁或損毀的書，請寄回更換）
I S B N 978-626-7148-23-5